我在白宫学到的10个上升法则

柔软的力量

内心强大的人无须强势

（Alyssa Mastromonaco） （Lauren Oyler）
[美] 艾丽莎·马斯特罗莫纳科 | [美] 劳伦·奥勒◎著
谢璇◎译

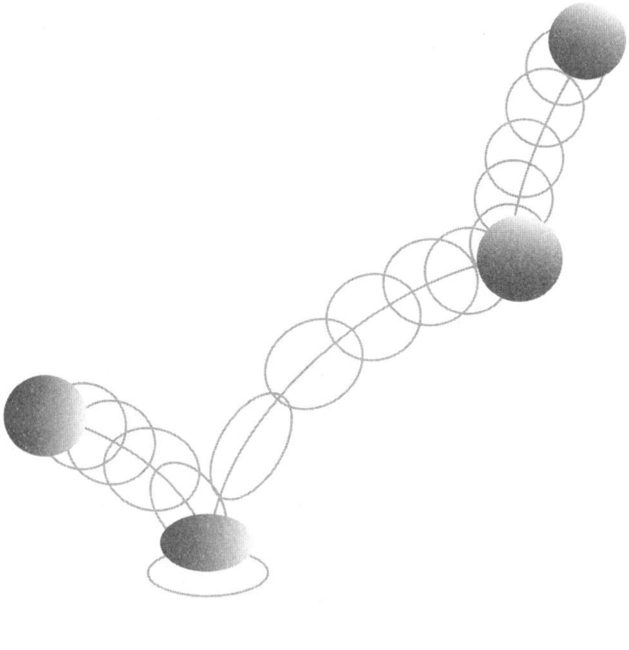

WHO THOUGHT THIS WAS A GOOD IDEA?

江苏凤凰文艺出版社
JIANGSU PHOENIX LITERATURE AND ART PUBLISHING LTD

图书在版编目（CIP）数据

柔软的力量 /（美）艾丽莎·马斯特罗莫纳科（Alyssa Mastromonaco），（美）劳伦·奥勒（Lauren Oyler）著；谢璇译. -- 南京：江苏凤凰文艺出版社，2018.10

书名原文：Who Thought This Was a Good Idea?

ISBN 978-7-5594-2501-0

Ⅰ. ①柔… Ⅱ. ①艾… ②劳… ③谢… Ⅲ. ①女性-成功心理-通俗读物 Ⅳ. ①B848.4-49

中国版本图书馆CIP数据核字（2018）第151034号

著作权合同登记号 图字：10-2018-340

书　　名	柔软的力量
作　　者	艾丽莎·马斯特罗莫纳科（Alyssa Mastromonaco） 劳伦·奥勒（Lauren Oyler）
译　　者	谢　璇
责任编辑	邹晓燕　黄孝阳
出版发行	江苏凤凰文艺出版社
出版社地址	南京市中央路 165 号，邮编：210009
出版社网址	http://www.jswenyi.com
发　　行	北京时代华语国际传媒股份有限公司　010-83670231
印　　刷	北京中科印刷有限公司
开　　本	690 × 980 毫米　1/16
印　　张	14.5
字　　数	200 千字
版　　次	2018 年 10 月第 1 版　2018 年 10 月第 1 次印刷
标准书号	ISBN 978-7-5594-2501-0
定　　价	48.00 元

前言：你可能想知道我是怎么走到今天的

我第一次见到贝拉克·奥巴马（Barack Obama）是在 2004 年 12 月，我不确定当时他是否喜欢我。在那之前，我在约翰·克里（John Kerry）[①] 那里断断续续供职了四年。尽管克里国务卿是出了名的性格冷淡，但我俩那段时间的关系还不错，几乎是从 2000 年春我担任他的新闻与日程安排办公室助理的那一刻起，我们关系一直就很好。当时我很期待能和刚当选参议员的奥巴马也有类似的融洽关系，因为奥巴马和我年龄更相近，性情更相投。因为我刚刚结束民主党总统候选人克里的竞选工作，所以我觉得当时没什么名气的奥巴马看到我这样一个经验丰富——而且如此有智慧、有魅力、有才华的人能来为他工作，应该会激动万分吧。

结果我错了。奥巴马比我想象的要强大。他在意的并不是我的资历，反而是我并非来自伊利诺伊州这一事实。他要找的是一个能与他的选民有联系的人，而我没有。我觉得他可能也不想找一个太自大、“膨胀”的人，而且

① 美国前国务卿，曾于 2004 年 7 月 29 日获民主党提名为该党美国总统选举的候选人，同当时的在任总统小布什竞选美国总统一职。作者曾经在克里 2004 年总统竞选团队工作过，所以下文作者写道，奥巴马可能觉得作者会因为这份工作经历而很自大。——译者注

他又无法立刻看出我到底“膨不膨胀”——不过，总统竞选工作是可能会让人内心“膨胀”的工作，至少是不太利于保持身材的工作。

但我是真的想为奥巴马工作。克里竞选惨败后，我格外想供职于一个没打算竞选总统的人——我恐怕一生经受不起两次这样的打击——但我也觉得奥巴马绝非等闲之辈，他真的非常非常聪明，当时我就已经能看出他不是一般人了。

我是从我的朋友罗伯特·吉布斯（Robert Gibbs）那儿听说这个职位的。吉布斯从克里竞选团队辞职后便为奥巴马竞选参议员工作了。克里竞选败北后，有一天我在克里的办公室，一个人郁闷地做着收尾工作，确保在最后“退场”前每个人的账都清了。这时我的即时聊天软件上蹦出了吉布斯发来的一条消息：“在干吗？”

我说：“我在打包，之后就不知道要干吗了。”

“需要一份工作吗？”

当然需要。我之前一直在考虑继续为约翰·克里的政治行动委员会工作，但是我不确定能否得到我想要的委员会副主任这一职位。吉布斯跟我说他在为贝拉克·奥巴马工作，奥巴马人非常棒，我应该去面试日程安排主任一职。这个职位属于高级顾问，而且在国会山很受欢迎的著名的皮特·劳斯（Pete Rouse）也刚刚签约了奥巴马团队幕僚长一职。

我跟吉布斯说我会去了解一下情况。不久后，我就见了皮特（他当时穿着牛仔靴、牛仔裤和一件系扣领衬衫）。他觉得我不错，就安排了我去见奥巴马。

去面试的时候，我并不紧张，真的。你如果紧张的话，就会显得很不自信，而且我面试的时候就想着，如果成功了，那最好；如果没成功，那也是命中注定。更何况奥巴马当时穿着一件黑色的仿高领衫，这让我很放松。

那是一次很平常的面试，奥巴马坐在桌子的一头，我坐在皮特和吉布斯对面，聊了聊我的人生经历和重视的事情。既然我不是来自伊利诺伊州，为什么还想要这份工作？既然我之前做过类似但节奏要紧张得多的工作——克里团队人员每天的任务很多——未来要整天在参议院无所事事，我会不会感到无聊？

我当时觉得我可能无法拿下这份工作。奥巴马和我告别时说了一句经典的面试官套话："我们会再联系你的。"不过，要说没什么别的优势的话，我对自己的性格还是很自信的——最不济也是"人很好但有点难相处"（稍微有点敏感），最好的状况就是坚定、自信而又放松、坚韧，有幽默感。即便我没办法让人们喜欢我，但我总能说服人们相信我有实力，而且又不会（太）讨人厌。

这就是故事的开端——带着一个很简单的目标：让自己表现得有能力而又不那么讨人厌。和我认识的大多数女性一样，我也想最终成为一个可爱又可信的人——同时也富有魅力——但这必须得一小步一小步慢慢来。尽管皮特后来告诉我他们确实花了一点工夫来说服奥巴马，但最终奥巴马还是给我打了电话，给了我这份工作。

· · ·

2016 年里约奥运会期间我写了这本书中的很多内容，尽管 2012 年和 2008 年奥运会期间社交媒体报道新闻已经开始出现，但 2016 年的这次奥运会真的就跟是在网上举行的一样。如果我没来得及看电视直播，也能很容易根据推特猜出赛况如何，而且推特上的评论要有意思得多。

这届奥运会中一个最具标志性的画面被一位名为@a7xweeman、有着830个粉丝的推特网友制作成表情包在网上疯传。那张照片确实很疯狂：在男子百米冲刺半决赛上，世界上跑得最快的人——牙买加短跑选手尤塞恩·博尔特（Usain Bolt）与周围落后的、已经被虚化了的对手拉开距离时，正往左侧回头微笑。这张照片在网上大火。@a7xweeman为这张照片加上的文字为：*画面定格**人物出场*① 没错，就是我。

你可能在想我到底是怎么走到今天这一步的。

我高5英尺2英寸（约1.57米），不是短跑运动员，更不爱跑步。我之前曾从跑步机上摔下来（当时在玩手机），差点磕破了牙，于是2006年改做普拉提运动。但是，我在事业生涯中经常会有这种感觉："没错，那就是我。你可能在想我究竟是怎么走到今天这一步的。"你从一些文章中看到的我的生活，远没有明确地告诉你32岁的我究竟是怎样成为美国第一任非裔总统的得力助手，能够在空军一号上坐在总统对面，陪他前往阿富汗、俄罗斯、中国——老实说，几乎是所有的地方。

写这本书的时候，我已经40岁了，我的事业还远没有接近尾声，而我所做到的比我想象的还要多。我来自纽约州的莱茵贝克镇（Rhincbcck）；虽然现在这是个适合周末旅行的时髦小镇，经常出现在网络话题和烹饪节目中，但我们搬过去的时候，那里还只有一个红绿灯，路都还没铺好，德尔乳

---

① 原文的*Record scratch**Freeze frame*是指黑白胶片电影中人物出场时伴随着刮擦声，然后画面定格，旁白会介绍人物之前的经历，解释为什么会陷入目前的窘况。后社交媒体也会用这种幽默的方式给图片配上文字调侃。——译者注

制品快餐店（Del' s Dairy Creme）出品的"鸡肉皮塔饼"就是手工食品"从农场到餐桌"运动[①]的开创性前身。

我高中毕业时同一届还有76个人，我（勉强）还算是个好学生，但同时也是小池子的一条大鱼。我的衣柜里都是法兰绒衣服和"感恩而死"（Grateful Dead）摇滚乐队的T恤。当年最大的一个成就就是挺过了一场对于我这个学生会主席的弹劾，之后我对埃迪·维德（Eddie Vedder）[②]的印象一直不太好。后来我在基尔默IGA超市（Kilmer's IGA Market）做收银员时，是动作最快的，而且在双重折扣日，我是最严格的（谁也别想用一张过期了的折扣券在我这儿蒙混过关）。我喜欢在感恩节前的那个周三工作，因为这可以将我的装袋技术发挥到极致。

很多人问我，这样一个来自纽约州北部农村地区一所公立学校毕业的小孩，既没有人脉，又没有常春藤学校的录取通知书，花在"神街酒"（God Street Wine）[③]摇滚乐上的时间超过了花在学术俱乐部上的时间，最后是怎么进入白宫工作，离总统办公室就一箭之地，成为美国总统幕僚中最年轻的一位女副幕僚长。有时候一些人就是没礼貌，比如会问"像你这样的人怎么能找到这样的工作呢"。有的时候，他们纯粹只是好奇；也有的时候，他们想知道其中的原因，这样他们学一学也可以做到。

我写这本书的目的是想试着为每个人解答这个问题，尤其是最后那种情

---

① "从农场到餐桌"运动是一场推动餐厅食材由本地生产者生产的运动。这种理念鼓励可持续农业、有机耕作，从农场或其他食材生产地天然输送至餐桌。——译者注

② 美国音乐家、创作歌手，另类摇滚乐团珍珠酱乐团（Pearl Jam）的主唱兼吉他手。——译者注

③ "神街酒"为一个来自美国纽约的摇滚乐队。——译者注

况的人。（我最不在意的就是那些无聊之人，但他们也可以了解一下。）我逐渐相信努力工作和好的态度能让你走得比梦想的还要远。可惜的是，这个很基础的观念却并没有出现在大部分的职业建议中。这有点老套，但有时候，生活老套有它老套的道理。

我写这本书还有一个目的，就是我在市面上并没有看到过这类书。在我非常迫切地想在政界找一份工作时，当我最后找到了这样一份工作时，所有指导过我的人都是男性。大部分政治回忆录也是由男性所著（因为大部分从政人士都是男性），而且书中满满都是他们的政治遗产：再现当年的光辉岁月，讲述当年“内部人士”才知道的戏剧性花边小故事，让作者看上去像是单枪匹马地战胜了逆境和邪恶的民主党（或者是邪恶的共和党——在想让自己形象好这方面，两党不存在分歧）。我明白大家都想留下政治遗产，但我一直都是尽量首先关注工作本身，因为——除了某些灰暗的时候外——我一直深知属于我的光辉一定会如期而至。

这时，你可能会觉得：“这位女士是谁啊？我为什么要关心她的事？”没错。如果谷歌搜索一下，你还是可以找到我的资料，但我并不是一个家喻户晓的人物。我曾被列入华盛顿最有权势却最不出名的人物排行榜。政坛中许多人士基本上就是把分内任务给完成了，我也确实有我的分内任务。这些工作可没有成为一个真正的政治家有吸引力，但大部分人——包括我——都没有成为一个真正的政治家的素质。但这些工作依然很重要，很酷，也有点难以置信，希望我这本书中简要陈述的国宴花絮能反映这一点。

最后，我希望你能从我书中讲的这些，甚至包括胃痛的毛病中有所收获。我不喜欢居高临下地说话，我一直都会从年轻人和没经验的新手身上学到一些东西，我自己也一直保持着年轻新手的心态。我知道被当成一个介于孩子和普通的傻子之间的人是种什么样的感受。我也曾在某些时刻表现得像个孩子或傻子，尽管我既不是孩子也不是傻子。我并不指望你们知道“神街酒”——一支即兴摇滚乐队，很遗憾 1999 年解散了——但我觉得我的故事可以让你觉得不那么孤单、怪异、焦虑，会更自信。最后一切都会好起来的。

· · ·

我为奥巴马工作近 4 年之后，2008 年 10 月下旬的一天，离大选只有几天时间了，我早上起来看到天气预报说宾夕法尼亚州切斯特市有雪。恐慌在整个竞选团队总部，尤其是我领导的日程安排和执行推进部门扩散开来。我们原计划是安排奥巴马参议员当天上午在切斯特市做一个室外活动；此时我们都在等谁会收到那封可怕的邮件。发信人可能会是马文 · 尼科尔森（Marvin Nicholson，负责奥巴马出行的主任，也是和我在一起 6 年的男朋友），雷吉 · 洛夫（Reggie Love，奥巴马的贴身助理）或者吉布斯（奥巴马的新闻秘书）；我们把这几个人亲切地称为“巡演队伍”，因为不管奥巴马去哪里都是他们跟着。有时候，“巡演队伍”和竞选总部之间会出现分歧，而团队内部的自己人争胜负可不是件什么有趣的事。有时候我们总部会想出一些有点做作或者有攻击性的点子，但是面对奥巴马失望的表情的往往不是我们，要当面回答“究竟是谁觉得这是个好主意啊？”的人也不是我们。

一旦遇到这种情况，我经常会立刻收到马文或者雷吉又或者吉布斯接力转发过来的邮件来问这个问题。他们非常清楚是我想出的点子，但这也算是用一种温和（或者说以退为进）的方式呼唤我出来。

不管怎么说，再回到2008年宾夕法尼亚州切斯特市。从天气预报上看情况一直不妙，共和党参议员麦凯恩取消了他的活动。

我跟奥巴马议员共事了很长时间，足够了解他并不喜欢寒冷。（他现在也怕冷——他可是来自夏威夷。）但是想一想，年富力强、充满活力的贝拉克·奥巴马，醉心于美国公共事业，甚至不顾暴雪来和美国人民分享他对于国家的愿景，是不是能和年迈、疲惫的麦凯恩参议员形成鲜明的对比呢？这才是真的“一切付诸行动”！我当时真的很倾心于这个想法，奥马巴一定得按原计划去切斯特市。

我去找了普劳夫——就是奥巴马的竞选经理戴维·普劳夫（David Plouffe）——摆出事实。他也没什么问题，我跟他说，我们按原计划保留切斯特市的活动。他完全赞同。于是在室外的雪中，我们一个非常优秀的先遣执行团队领袖肯尼·“擅长市民大会”·汤普森——他特别善于组织最好的政治性的市民大会，也准备好执行计划，这场活动后来成了他组织过的最有名的活动之一，我们都不想因为一场小降雪而错过这个大好机会。

我把这个决定发送给“巡演队伍”和在切斯特市负责推进这一活动的先遣执行团队。几分钟之后，我的收件箱里果然又收到了雷吉发来的一封讨厌的邮件：“艾丽莎，谁说的这是个好主意？”

我们都是这么认为的，不过这不重要。作为日程安排和执行推进部门的主任，我不得不回复说这是我的想法，而且这也是我的职责。

大约两小时后，活动开始了，我们在芝加哥的总部从电视上观看了直播。正当我们的老板准备演讲说服宾夕法尼亚州的市民们出动为他投票时，我们注意到了一件非常可怕的事。

“是倾斜着下的雨夹雪！”戴伊喊道。戴伊指的是我的副手丹妮尔·克拉奇菲尔德（Danielle Crutchfield），事情没按计划走时，也跟我一样会被邮件轰炸。

电视上，雨夹雪正不停地拍在贝拉克·奥巴马的脸上。这远比下雪要糟糕得多，可以说是最糟糕的情况了。

我们（惊恐地）看着电视上的活动进入尾声，奥巴马把手伸向了雷吉。我们刚把电视关了，我的电话就响了。

“艾丽莎，我是奥巴马。”

“嗨！”我答道，头已经埋到了桌子上，准备好接受我理应接受的一切。“活动看起来太赞了！你听说麦凯恩议员取消了所有活动，对不对？他看上去完全就是个老头！”

“艾丽莎，你现在在哪儿？”

我不知道他接下来打算说什么，但我知道肯定不是什么好事。“在我办公桌旁。”我小心翼翼地回答。

“应该不错。”

叮！

选择保留切斯特市的活动——是我的决定——通常会导致类似的对话。但是我们都知道到了十月份的最后一周还放慢行程进度是不可能的。另外，奥巴马这人也不记仇——等到我们在总统选举日当天见面时，他脑子里想的肯定不会是这件事。

我们必须随时准备好为自己的选择申辩，不管是对我们自己（有时这是最难的），还是对我们的同事或者家人。要想人们不再相信你的决策能力，最快的一种方式就是推卸责任，耸耸肩或者畏畏缩缩。所以，学会如何成为一个决策者并且最后能说明自己的选择的合理性，这可以定义你是一个怎样的人。

这个决策有点像我七年级的时候在运动会那天决定使用亮发剂，尽管那时我妈特别强调让我别用：两个决定都是一开始有点痛苦，但长期来看，是有用的。切斯特市活动的失误之所以值得提到，不仅仅在于我们戏剧化的一个小故事。一周左右后，我们赢得了大选，华盛顿哥伦比亚特区以及包括宾夕法尼亚州在内的 28 个州的选票都领先。第二年，《纽约时报》的摄影师戴蒙·温特（Damon Winter）拍摄的大选照片获得普利策奖，获奖作品就包括在切斯特市活动中拍的一张照片。尽管当时即将上任的美国总统拿这个调侃了我一段时间，但温特的获奖也验证了当天包括奥巴马在内所有人的感受。这成为了我们最喜爱的瞬间之一。砸在他脸上的雨夹雪是这些照片中最突出，也是最重要的。而我的一头金发也保持到了今天。

· · ·

我第一次走进白宫的大门是在奥巴马正式上任和我正式在白宫工作前一个月。我将成为负责总统日程安排和执行的助理——和我之前做的工作差不多，但要复杂 50 倍。总统助理是白宫内最让人觊觎的职务，任何一届总统的助理都只有 20~25 个。而在历届担任过此职务的人中，我如果不是所有人中最年轻的一位的话，起码也是女性中最年轻的一位。

戴伊和我在驯鹿咖啡馆（Caribou Coffee）外下了车，沿着宾夕法尼亚州的大道上慢悠悠地走着，两人追悔着过去三个月：每天早餐吃加肉的贝果三明治，这已经不是偶尔的例外，而成了常态。内心惶恐，身体上的不适和精神上的紧张焦虑都快把我压垮了。

我们抵达艾森豪威尔行政办公楼（Eisenhower Executive Office Building）前的大门后，出示身份证，警卫说我们那天的会议不在那栋楼里，而是在白宫的西翼办公楼（West Wing）。我们试图说服警卫是他弄错了，但事实上不是他弄错了。过了安检之后——我们再次迫切地出示身份证，蹒跚着过了安检仪器——我们一路手拉手，经过记者们做外景报道的白宫北草坪“圆石滩”，进入西翼办公楼的接待处。海军战士为我们开的门。我们环顾四周，不知道他们有没有把我们当成别人，不过我们还是径直往前走。（再给一条好建议：要表现得跟自己就是这里的人一样。）

西翼办公楼接待处的队排得真长——感觉你办公室外的等候室就像是一个博物馆。国家首脑、外交官、名人及一些积极分子都是从这个通道通往西翼办公楼开会或者见总统。当时正是圣诞节前一周，所有的节日装饰都布置好了。在等人的时候，我们聊了会儿圣诞花环、圣诞树和一些装饰品——都一如既往地漂亮。我们是要去见布什总统的幕僚长乔希·博尔滕（Josh Bolten），他想欢迎我们入主白宫，并了解一下我们有没有什么需要向他了解的。此外，我们也想知道很多问题，比如：“现在呢？该怎么做？”

会议结束后，布什总统的日程安排主任梅利莎·贝内特（Melissa Bennett）带我们参观了总统的椭圆办公室。办公室的门是开着的，但我们太紧张了，就站在门口不进去。我们就跟傻子一样，但除了站着也不知道还能做什么。最后他们把我们哄诱了进去。

总统办公室比《白宫风云》（*The West Wing*）里的要明亮得多，一开始有那么一瞬间扫兴，这比在电视里看到的更像电视画面。（我后来了解到这么设计是可以让记者进来拍摄时不用再补光了。）办公室的墙纸是你见过最好的墙纸，摆放的艺术品都是可以放到博物馆里展示的级别的艺术品；桌子就是历届总统专门的“总统办公桌”了。不过每个人都很开心、很友善，对我们也很好。在某一刻，我才意识到我不是在看电视——这将会成为我的生活。

目 录

第一章

我从奥巴马那里学到的领导力

SMILE

白宫西翼办公楼里的洗手间可能和你想象的不一样：厕所并不充裕。对于女性来说，只有一层有一个大的洗手间，加上大厅主楼层和三楼分别一个共用的单间洗手间。所以上厕所经常要排队。而且，你排队等的卫生间还不是那种装饰优美、带镶边镜子的盥洗室，没有南希·里根（Nancy Reagan）和杰奎琳·肯尼迪（Jackie Kennedy）① 挑选的粉色沙发、精致的香皂和乳液。除了有一个小小的带一个面池和一面镜子的整理妆容的空间外，就是标准的办公室洗手间——三个隔间、水槽，把人照得不漂亮的灯光，这就是全部。

最重要的是，厕所里也没有准备卫生棉。2009 年我刚开始在白宫西翼办公楼工作时，也没觉得这是个什么大问题，但是一旦在工作岗位上忙时，要跑到白宫外去买确实很痛苦——会议之间根本没时间跑出白宫到马路对面的便利店去买卫生棉。要走出白宫，就得挤过横在人行道上拍照的游客队伍，要回白宫，还得出示身份证，输入个人密码，包、全身都要过安检。大家根本没时间在一天的工作当中中途跑出来走一遍这样的流程。（这也是为什么我们经常不外出，就在局势研究室 [Situation Room] 对面的每天由海军供应早餐、午餐的海军餐厅 [Navy Mess]② 吃饭。）如果情况真的很紧急的话，我有时候会让我的助理克莱·杜马（Clay Dumas）跑一趟便利店，但我后来经常让他做这种事，我开始感到很愧疚，因为他也很忙。

白宫可不是你能找到一位女性朋友借卫生棉的地方。尽管现在情况有所

---

① 南希·里根（Nancy Reagan）和杰奎琳·肯尼迪（Jackie Kennedy）分别是美国总统里根和肯尼迪的夫人。——译者注

② 原文中的 Navy Mess 是位于白宫西翼办公楼的一个由海军运作的餐馆，也叫 the White House Mess，平时供白宫高层工作人员和其邀请的客人就餐。后在奥巴马总统承诺开放白宫大门后，每月第一个周末餐厅也会向公众开放，但需提前预约。——译者注

改观，但是在白宫西翼办公楼上班的女性也不是特别多，而且很多都已经绝经了——并没有很多人随身藏着卫生棉。所以我们这些为数不多的还有经期的女性会彼此之间或和助理之间达成共识，当对方不在的时候，可以翻她的包或者抽屉，找女性卫生用品。尽管如此，我还是经常会发现自己陷入“红色警报”中。

为西翼办公楼这种性别不平衡彼此支持，一些女性高层职员和内阁成员会组织常规的聚餐，我们大约 15 个女人聚在一起，聊聊各自的问题，再喝点小酒。挺巧的，有一次我的经期还恰好碰上一次这样的聚餐。

那个工作日恰好特别忙，我的卫生棉已经用光了，也没有时间补给。马上要到去吃饭的时间了，我开始在心里默默计算。情况不妙，我需要马上换卫生棉了，在我离开前就得换。

我开始慌了。丹妮尔和楼下的姑娘们都没有我需要的东西。洗手间的厕纸吸收性也不好，也没法用这些纸卷起来垫在内裤上当尿布一样使用。我决定在晚饭开始前跑一趟便利店。

不幸的是，前面的会议开得很久，会上总统先生还提了一个我事后必须要解答的问题——我都不知道发生了什么，但我没时间了。我跑进车里，差点没赶上晚宴——我是去晚宴的人中比较年轻的一个，所以我不想迟到。

我以为一切都会没事，但我错了。晚宴期间，有人说了个笑话，正当我开始大笑，我发自内心的“哈哈”马上变成了“天哪，不，不”。然后经血开始流到我的裤子上，巧得很，那还是我当时最喜欢的一条——J.Crew 的蓝白相间的千鸟格花纹紧身裤。

餐桌上所有的女性中，可能有 4 个还有生理期，我知道剩下的几个都没有卫生棉，因为我已经问过她们了，我决定放弃这次晚宴。我靠近我的朋友凯西·雷穆勒（Kathy Ruemmler）（她是一名白宫顾问）告诉她事情原委。她陪我走到我的车上，我在逃离现场时驾驶座上也沾上了血迹。

第二天，我给自己立了个使命，就是要给西翼办公楼女洗手间安装卫生棉贩卖机。如果我们很认真地考虑要管理一个更多元化的组织，让更多女性进入政界，就应当要保证她们在办公区能有最起码的舒适度。哪怕要花点小钱，也总比“血流”椭圆办公室好。

没人反对我的提议，只是似乎之前没人想到过这一点。我找到行政管理办公室的主任凯蒂·卡莱（Katy Kale），说道：“嘿，我们应该在女卫生间装一个卫生棉贩卖机。”然后她说好。

几周之后，我走进罗斯福会议室（Roosevelt Room）参加一个上午 8 点半的高层官员会议——大概有 20 到 25 个人参加，大部分都是男士。罗斯福会议室是一个很庄严的会议室，富兰克林·罗斯福总统曾在这里装了个水族箱，挂了几个鱼模型；如今，这个房间已被粉刷成浅浅的米黄色，墙上挂着一幅西奥多·罗斯福骑着马、穿戴着“莽骑兵”[①]装备的图，还有一个小水牛雕像。就是在这个会议室，我宣布从当天开始，在西翼办公楼女卫生间安装卫生棉贩卖机。没人发言，但我感觉非常棒。

· · ·

① 原文 Teddy 即 Theodore Roosevelt，西奥多·罗斯福，人称老罗斯福（“小罗斯福”为他的远房堂弟，上文提到的第 32 任总统富兰克林·罗斯福），昵称泰迪(Teddy)，美国第 26 任总统。1898 年美国－西班牙战争时期，他组建了美国第一志愿骑兵团，外号“莽骑兵”（Rough Riders）。——译者注

我知道我承诺过你们不想在这本书里过多关注我个人留下的成就，但既然他们又没有在卫生棉贩卖机上刻上“归功于艾丽莎 · 马斯特罗莫纳科”，那么我也想在某个地方留下点记录吧。有时候我们为了做到某件事，需要像一头牛闯进瓷器店一样冒失，而我也能做到这一点，但我并不享受这个过程。对我而言，领导力更重要的是要把大家凝聚在某个项目或事业上，而不是被当作上司高高捧起。

领导力也不完全意味着胜利和成功；如果你的想法行不通，但你是一个强有力的领导，你就能渡过难关，改变局面。我第一次“当权”，领导力第一次成形的经验是上学时被选为班长。尽管我用了很细致、很开明的一些方法，但我还是不受欢迎。我竞选班长是因为我想当我们高年级舞会策划的领头人。（结果发现只需要进入舞会委员会就可以参与策划了，好吧。）舞会结束时我们放的是我最好的朋友卡拉和我想用的——U2 唱的《我想要的就是你》（*All I Want Is You*）这首歌，作为我们特别的舞会颂歌（我不知道为什么需要一首颂歌，但感觉就是需要）。我们的主题是“今夜富有的人”，这是《我想要的就是你》中的一句歌词，所以我们觉得自己特别积极、特别躁动。

这一切差点儿没成型。我在高二那年当选高三学期的班长时，一名竞争对手说我低年级的舞伴不合适，因为他有一辆白色的野马车，后面的车窗上还涂上了八号黑球[①]。

八号黑球暗示着——也不用去确认，因为中学男生都爱吹嘘——他是个

---

① 原文 eight ball 既可指台球中的黑色八号球，也可以指 1/8 盎司（3.5 克）的可卡因或冰毒。——译者注

毒贩子，我的竞争对手就在舞会前几天发起了一次弹劾我的运动。这场背叛的高潮是我的高年级学生顾问当着坐在体育馆看台上的所有同学的面，质问我，为什么认为自己是一个优秀的、值得大家信任的班长。

我其实怒不可遏，但我必须继续坚持。高年级舞会不能毁了。

大家后来投票，把我留下来了；作为一个伟大的领袖，其中一个重要的能力就是要能够解释清楚你为什么做这样的决策。在我上大学的时候，比尔·克林顿总统也经历了一次弹劾，我记得当时我心里想不是每个人都能像我应对这个“八号黑球门”事件时表现得这样优雅和巧妙。

高三时，我还竞选了乐团主席。不是因为我想拥有作为乐团主席的荣耀——虽然这确实是个备受瞩目的职位——而是因为我想要我们的高年级乐队去新奥尔良演出。我的平台很可靠；所有乐团成员都一致觉得我们应当去参加路易斯安那州新奥尔良市（NOLA）的比赛。结果我们最后去的是费城。有时候号召大家支持你的决定还不够；一般情况下，要说服校长同意我带着40个中学生去波旁街（Bourbon Street）[①] 会很难。我毕业之后，乐团主席的人选都是任命制产生，不再是通过选举产生。

· · ·

大学毕业后，我在位于世贸中心的撒切尔·普罗菲特 & 伍德律师事务所（Thacher Proffitt & Wood，TPW）找了份律师助理的工作。一开始，我并不喜欢这份工作，我原本想去国会山工作，但我申请的（许多）岗位没有一个

① 波旁街位于新奥尔良市最古老的街区，以酒吧和脱衣舞夜总会出名。——译者注

要我，于是我就去纽约找了一个猎头，帮我找到了这家律师事务所的面试。（还有许多其他律师事务所，但都没给我回电话。）我很失望，不过后来心态也转变过来了。在这么一个出名的大楼里上班应该也是很让人激动的——我很快就喜欢上了这种忙忙碌碌的氛围。而且 TPW 是唯一一家没问过我大学成绩绩点的公司。我的成绩还行——三点多的绩点——但在其他公司，他们觉得好像你得是优秀大学生才会复印文件似的。

我们把我们的办公室叫作“律助间”，每个律师助理为一名事务所合伙人和两到三个律师干活。我是为事务所唯一一名女性合伙人埃伦 · 古德温（Ellen Goodwin）和其他两位律师工作。其中一个叫戴维 · 霍尔（David Hall）的人挺照顾我，并教会了我很多房地产投资信托的相关知识，现在看《危险边缘！》（*Jeopardy*!）[①]，或者试图向房地产经纪人证明不要把我当傻子时都还能派上用场。

公司当时正在代理一笔大交易——一笔涉及 20 多个州、30 多笔房地产交叉担保的贷款——而我就是被任命为这个案子的律师助手。那个时候，我的同事埃米 · 沃尔普（Amy Volpe）（后来再施洗礼后改为“沃尔普斯”）和我一起住在 SOHO 的一个一室一厅公寓，两人并排睡两张床，她经常调侃我是“超级律助”，因为我时时刻刻都在谈这个案子。这个案子我忙了几个月，也得到了律师们对我工作的肯定和关注，但她也没说错——我太投入了，他们给了我这么大的责任，以至于工作已经完全充满了我的大脑。

在交易快要结束时——或者说协议快要敲定了——有大量文件需要签字，而且签字方又有很多，包括公证处。我给每个签字方安排了他们各自的

---

① 美国 CBS 电视台的益智问答游戏节目，涵盖各领域的知识。——译者注

颜色——绿的、黄的、橘的、蓝的——因为我考虑很周密，所以我保证了用同一种方式为所有的文件做上标签，这样大家走进房间时能看到一排彩虹一样的标签。这一点很重要，因为很快这里就会进来大概 10 人，每个人代表着这几百万美元的交易，他们也想快点结束这个签字仪式。每个签字方都安排了一种颜色——比如美国大通曼哈顿银行是绿色——这样他们可以迅速翻到那个颜色的签字页，签完字，就可以去吃牛排喝香槟庆祝了。

随着交易最后一天签字仪式的接近，办公室开始有点混乱了。文件被不断地换出，签字页也在换，我是唯一一个监控着这一切的人。我当时每天晚上都熬夜，狼吞虎咽地吃些办公室免费的饺子。唯一一个好处就是我上班可以偶尔迟到，而有一天早上我在特里贝克区[①]的一家咖啡馆喝咖啡时，小约翰·F. 肯尼迪（John F. Kennedy Jr.）[②]向我借报纸。那是我一生中喝过最棒的一次咖啡了。

一个真正的领导会懂得委托他人并寻求帮助，但很少有 22 岁的年轻人是真正的领导。我当时并不想和别人分享功劳，我觉得既然我都已经做了这么多工作，走到了这一步，只需要打起精神来，一鼓作气完成了就好。

结果到了签字仪式的当天，我就尝到了恶果。当代表着几千万美元的签字方都聚在一起准备签字时，公证人和一名初级合伙人意识到有问题：我没有和代理人反复确认文件的页边距要求（文件的页边距在有些州很重要）。涉及华盛顿州的文件页边距弄错了，基本上是没用了，不能在上面签字。

当客户花很多钱让你在他的某个交易中做法务代理，而就在原本要完成

---

① Tribeca，位于曼哈顿岛上的运河街以南，百老汇以西的三角地带。——译者注

② 美国第 35 任总统约翰·肯尼迪的儿子，是一名律师、记者和杂志出版商。——译者注

交易的当天，签约仪式的某些地方却出了大洋相——这可没法激发信心。我的直接上司戴维·霍尔走过来，非常谨慎地跟我说："门迪（这是我的中间名），你现在是唯一知道这里到底发生什么事的人，事关重大，我要被你吓死了。"

我悄悄地收走所有弄错了的文件，以全面进入危机状态拿回"律助间"。我们必须迅速替换原来的文件，重新做标签，重新排版。这听起来极其戏剧化，也确实是，我当时简直要疯了。

其他律师助理也迅速行动起来，每个人拿一套文件开始忙起来。文件满屋飞。我觉得我们应该是在半个小时内就解决了所有的问题，而会议室没有其他人——除了公证人和戴维·霍尔外——知道差点要发生一场灾难。即便在之前就已经很明显了，但我直到那一刻才意识到，所谓的"超级律助"其实就是一个自以为是的傻子。

· · ·

几年之后我才稍微明白我如何能真正地成为一名领导。后来我终于在政界找到了一份工作，供职于参议员约翰·克里，一直努力工作，晋升为克里2004年总统竞选团队负责日程安排的副主任。这就意味着我每天走进办公室，坐在办公桌前，就要开始和所有在外奔走的先遣执行团队通话，和我的上司及高级竞选班子一起规划行程。

在一场竞选中，没有什么比候选人的时间更重要，而当你成为日程安排和执行团队中的一员时，这就是你必须要掌控好的东西。结果往往会收到各州政府办公室发来的怒气冲冲的邮件，控诉你因为太蠢，根本不知道你在干什么，毁掉了他们赢得初选或者党团会议[①]的机会。比如说，在奥巴马竞选期间，南卡罗来纳州政府办公室就曾给我们团队的一个高级顾问打电话，抱怨我没有给他们安排他们想要的；然后这位顾问就把他们的评论转述给我，并说："你得注意点，免得大家觉得你很讨厌。"

你意识到所有人都有自己优先考虑的事——他们以自己的选区为主。作为领导，往往并不是喊宏大的口号，发号施令；而是平衡所有这些需要优先考虑的事情和各个选区的需求。财务小组需要时间来筹资；政治小组需要为他们的政治家安排见面会；新闻工作组需要安排采访时间，确保当天最好的活动能在当地新闻上直播。（虽然这在 2016 年没有 2004 年重要，不过有些时候保证候选人曝光率还是好一点。）候选人需要时间睡觉，这样才能保证他们不会因为过于疲惫而说些愚蠢的话。而我是协调所有这些问题的仲裁者。

2004 年春，我的上司——日程安排部门主任，有机会再回到校园。我一直在忧虑他们会找谁来替代她。她很严厉，但我们的关系很不错，她可不是和竞选团队里每个人的关系都这么好。当竞选经理玛丽·贝丝·卡希尔（Mary Beth Cahill）打电话让我去她办公室时，我觉得应该是要告诉我谁来当我上司了，于是做好了心理准备。但我从来没想过她会把这份工作交给我。

但她就这么做了。而我当时 28 岁。

我和特丽·克林维克（Terry Krinvic）在一个部门，她在日程安排方面的工作比我做得久，竞选经验也比我丰富，所以当她的上司让我感觉有点别扭。但我在克里的团队待的时间更长一点，这一点倒是比较重要，所以特丽

---

① 美国总统选举第一阶段分初选（primary）和党团会议（caucus）两种形式，初选直接投票即可，党团会议相对初选过程较为复杂，人们先聚集在某个地方集体讨论、发言，然后再投票。——译者注

对于我做她上司也没有什么意见。杰西卡是我们非常聪明的助理，刚从韦尔斯利学院毕业，我们经常叫她做一些事，比如给克里要去的城市的餐厅打电话，这样我们可以拿到一份餐厅的菜单来为克里和团队订餐，带上车或者飞机，美好而充实。

进入春末，我们新招聘了一些日程安排员，但六月末却给了我们重重一击——我们正准备挑选一名副总统，两党全国代表大会马上就要到了。我们决定迅速进入党代会状态——一场主题性、持续几天的行程，能突出克里生平的关键要素——然后进行一次“从东岸之海到西岸光耀之海”[①]和“相信美国”的巡游，克里议员会在接受提名后的第二天从波士顿出发。

克里竞选团队当时以其口号之多“臭名昭著”——到大选那天大约总共有 13 个口号——因为我们一直都选不出一个来。我最喜欢的一个是“绝非戏言”（The Real Deal），我们还把这个口号印在艾奥瓦州的一辆巴士上，写着“绝非戏言号快巴”。其他的口号还包括“更强大的美国从国内开始（A stronger America begins at home）”“建设更安全、更强大、更有保障的美国（A safer, stronger, more secure America）”“为美国利益而奋斗的勇气（The courage to do what' s right for America）”“团结一致，我们可以打造一个更强大的美国（Together, we can build a stronger America）”“服务与强大的一生（A lifetime of service and strength）”“让美国再次成为美国（Let America be America again）”“全新的团队，创造全新的美国（A new team, for a new America）”“国内强大，国际受尊重（Stronger at home, respected in

---

① 美国第二国歌《America the Beautiful》（美丽的美利坚）中的一句歌词“From Sea to Shining Sea”，前一个 Sea（海洋）指的是大西洋，后一个 Shining Sea 指的是太平洋，美国一岸临大西洋，一岸临太平洋。——译者注

the world）”“美国值得更好（America deserves better）”“让我们成为一个团结的美国（Let us make one America）”“希望就在眼前！（Hope is on the way）”。（这是一个奇怪的预言），以及“帮助就在眼前！（Help is on the way!）”每次换口号不仅看起来荒谬，而且还得更换告示牌、横幅和所有写上了口号的东西，然后再运到大家手里，这得花大概 1 万美元。

这场巡游 17 天内要走 3500 英里，游历 20 个州、52 个城市，涉及公交车、火车、船等交通工具。我之前从未做过这样的事，也没听说过类似的事，我不知道这是否只是我一个人的感受，但我总担心我会做不好，或者这计划实际很荒唐。这场巡游其中一部分是基于阿尔·戈尔（Al Gore）[①]2000 年做过的事，但那时的竞选还没有这么极端。我从一开始就有这样的疑虑——竞选当中我们希望的是极大的灵活度，而列车一旦驶出站台（如离弦之箭），我们就完全失去了灵活性。但你又不想成为那个说“做不到”的人，尤其是在这时候，大家保持乐观很重要。

我只是觉得这个计划行不通，但我也并不肯定一定会行不通，所以我什么也没说。这可能就是男人和女人之间的差别：女人在站起来表态前需要知道她一定是对的，而男人则只要觉得他们可能是对的，就会觉得反对也没事。我当时只是觉得可能行不通，但我并不确定。

事实上，那趟行程安排得太满了。我们勉强做到了按计划执行，但几乎是把每个人都累垮了。眼泪、夜间惊梦、恐慌——所有你能想到的。每一件事都比我们想象的要难——两个家庭[②]、小孩、当选官员、时区等问题。其

① 1993–2001 年担任美国的副总统。——译者注
② 竞选总统和副总统的两个家庭。——译者注

实我原本最想做的、最重要的一件事就是让每位排程员在他们排的日程活动开始前一个晚上就出发去和出行团队碰个面，感受一下他们安排的活动的实际操作；结果大多数情况下，我不得不让他们留下来，因为工作实在太多了。

从外表来看，一切看上去很顺畅，活动看上去很不错，我们也落实了需要落实的，巴士也没坏过。但这一切往往看的都只是最终呈现出的成果，竞选团队的高层似乎从来都不知道我们身上的压力。一部分原因是有太多高层人员并没有明确的分工，而其他所有人都不知道到底谁说的才算数；再加上无穷无尽、一大批的邮件。

其中尤为糟糕的一次，是在纽约举办的一个募捐会之前我们需要削减开支。竞选初期，大家住酒店都是合住，但是随着竞选慢慢推进，大家休息时间减少，于是我们开始让大家都各自住一个房间。在这次纽约之行前，所有酒店都已经满了，我们唯一可以住的是位于中央公园的文华东方酒店（Mandarin Oriental）。我跟大家说明大家得合住。

几个小时后，一名年轻的出行助理给我打电话，很显然，只是因为她想学着在这种职业场合练习一下如何以退为进。“我听说我们在酒店要合住，”她说道，“我就想问问是谁同意的。”

“是我同意的。需要我向玛丽 · 贝丝确认一下吗？”

她说需要。好吧。于是我去找玛丽 · 贝丝——我非常喜欢她——然后告诉她我们在安排大家合住时遇到了阻力。（如果说“阻力”这个词听起来让你觉得像是某个办公室暗号，用来代替你实际上没有说出的话——那是因为事实就是如此。）玛丽 · 贝丝回答说大家应该经常合住。

我以为这样就结束了，结果有个正准备登机去纽约的人在飞机跑道上给我打了个电话。“你是蠢蛋吗？”他在电话里吼道。

他说我应该向他汇报，而不是向玛丽·贝丝汇报，尽管我一直都是向玛丽·贝丝汇报。他很生气，因为他安排单间酒店花了太多钱，我这么做算是打了他的小报告。“你是不是疯了？”

要是在今天，我可能就会直接跟他说“滚”。但当时我严重缺眠，而且我也实在是受够了不知道到底谁管事，这把我给惹哭了。

等克里和爱德华兹两个家庭抵达密苏里州——“相信美国——从东岸之海到西岸光耀之海”之旅走了还不到一半——他们都疲惫不堪了。于是我们暂停了一整天的行程，这样他们可以不用赶路了。但即使这样也都还算不上真正的休息：因为我们需要把所有的行程往后推 24 小时，结果差点没法在最后时刻订到酒店，因为我们行程中有个小镇恰好在我们计划住的那天举办少年棒球联盟世界大赛（Little League World Series）。我记得好像最后是因为有一支球队输了，离开得早，所以我们得以在他们住的那家酒店找到空房——这也许可以给那支球队一点安慰。

这次行程之后，我觉得竞选团队应该没有那么相信我的能力了，因为他们安排进来一个“高级顾问”来监督日程安排和执行推进部门。他来的第一步就是坐到了我的办公桌上。我们私下叫他贝拉·卡罗尔伊（Bela Karolyi），这是罗马尼亚一名体操教练的名字，因为我们觉得他对待我们就像对待走在体操垫上等着评判的体操运动员；他会把其他排程员一个一个地叫下来把他们的工作过一遍。有时，趁他不注意，我们会做几个下马跳的姿势。

我本来想生气的，但要做的事情太多了，根本没时间生气。我决定不问他我的职责到底是什么，而是继续做我一直都在做的事。尽管对于他们派了一个人来监督我的部门，我内心很受伤，但我当时也确实只有 28 岁，而且之前从来没有在总统竞选团队工作过。这个负责人刚一开始工作，我觉得他就意识到了我每天面对各种各样的人，和这些人打交道可不是那么简单。高层班子最终也意识到了这一点。他们发现这个本能由高级顾问解决的问题结果还是存在，因为大家做决策往往都很迟，而且总在最后时刻改变主意。

竞选活动对你的身体也是一种消耗，但这个故事证明可不仅是对身体有影响了。特丽和我就住在国会山下面一条街道上，两人离得不远。她有一台很有趣的马自达敞篷车，经常下班会载着我回家。一天，我们走进车库，她才发现她的车一整天都没熄火——她那天来上班时实在是太累了，光把车停到车位就下车了。

几天后，我早上醒来发现满嘴的血，很疼，我也非常困惑。恐慌了几分钟之后，我在浴室镜子里自己痛苦地检查了一下。我推测，我应该是在睡觉磨牙时咬碎了一颗智齿，然后碎掉的牙齿锋利的一面划破了我的舌头。我吃了几天的布洛芬止痛药，直到我放弃自我治疗，接受我确实应该要去看牙医的事实。

当我去见牙医时，医生很快判断出我需要立刻把四颗智齿全部拔掉，而且就在当天。我说好。他给了我一点肌肉松弛剂和几片布洛芬，然后就把我弄晕了。在竞选期间，我根本抽不出时间来，所以我在家工作了两天，脸上敷着冰豆子，嘴里咬着在冷水中泡过的绿茶包，以免引发干槽症（牙槽窝骨髓炎）。其中最好的部分就是冰豆子，因为当时是八月底，家里特别热。此外，我只吃香蕉泥，而且说话含糊不清。

我希望我可以说这牙疼来得毫无理由——即使我 28 岁了，但我对自己很负责，涉及健康的问题时绝不冒任何风险——但是在我的智齿坏掉之前其实我已经牙疼了好几周，只不过没当一回事。我知道特丽也有一样的情况，所以我劝她也去看了牙医。结果她也要拔智齿。我们就是一团糟。

当选举之夜来临时，我们作为一个团队都去了波士顿。我穿上“大选夜”休闲裤（注意：不是瑜伽裤），结果我那在大选期间变肥了的臀部把裤子给撑破了，所以我又不得不换上我那肥肥的 GAP 短裙。当我们都聚在酒店楼下的酒吧里时，出口民调[①]显示我们快要拿下了——克里的支持率领先。经历了这么多，这真的是一大慰藉。于是我们开始庆祝，开始喝酒。

一杯又一杯。就在我们正享受可能是真正快乐的时光时，剧情大反转。俄亥俄州的投票情况很糟糕。酒吧的一台电视机里正播着 CNN（美国有线电视新闻网）的节目，形势发展越来越奇怪，越来越让人惊慌。我们一致认为需要上楼清醒一下——以防万一。

不幸的是，我们大受打击。有人甚至在电梯间往钱包里呕吐了。我们大喝之后不到几个小时，就又都回到电脑旁，开起了电话会议，计划约翰·克里要在法纳尔大厅（Faneuil Hall）进行的败选演说。我想我们当时还算幸运，这个地方恰好能给我们用，因为我不知道克里还能在别的什么地方进行这次演说。但我们当时并没有感觉到多幸运。

第二天，波士顿秋高气爽，是你能想象出的好天气，我也克制我自己尽量不要一直哭。我们都坐在一排，听记者们说着一些很讨厌的话：“他们的竞选是最差的”“约翰·克里要是不这么高冷的话，也许他还有希望”“我

① 出口民调是指调查机构在投票站出口处对走出投票站的选民进行的调查，通过直接询问选民的投票情况来预估选举结果，出口民调的结果一般和最后选举结果相差无几。——译者注

是说，他们口号真的太多了。”结果是乔治·布什将连任四年。竞选团队中的一个人终于忍不住转过身，叫这些记者闭嘴。

我从波士顿回到华盛顿特区家里时，发现有人撞了我停在公寓外面的车。肇事者留了一张纸条，写下了她的电话号码。是个好人。我打过去，接通到语音留言：“嗨！如果你收到这条语音信息，说明我正在外面庆祝乔治·布什连任！给我留言吧。”

我挂了电话。我并没有那么需要换新的大灯。

· · ·

四年后，我坐在芝加哥的办公桌前，在大选夜倒计之时，回忆当年那次不一样的大选（除了那次说我“令人讨厌”的评论外，当然这我也挺过来了）。我们的活动将在室外的芝加哥格兰特公园举行，即使是十一月，天气还是异常地好——晴，将近24度。我心不在焉地摆弄着办公桌上的东西，查查邮件，做做清单、列表。我担忧奥巴马之后在做提名演讲或败选演讲时可能会下雨，我觉得一般当我带了雨衣，就不会下雨，但当时我又觉得在大选日期间半路跑去买雨衣只为确保我们的候选人获胜，这样会显得很愚蠢。最后我只能选择迷信了，去了趟乐斯菲斯店（North Face）。

等我回到办公室时，整个团队的人都不在了。

我非常生气。他们会在干什么呢？满足于已有的成就？大白天喝酒？我有多少次告诉过他们那个往钱包里呕吐的故事？（我发誓绝不是我）我越来越生气——气的不是他们除了干等没别的事可做而跑了出去，而是因为他们这么做是不吉利的。事实上，他们才离开一个小时左右，但如果你坐在办公桌前“不看”出口民调，不管多久都会让你觉得很漫长，而且这时才下午 1 点。

等他们都回来时，我也准备好严厉地批评他们——但他们给我带了一件礼物：一张很搞笑的照片，是我和奥巴马坐在南卡罗来纳州的一个街角，手里拿着奥巴马给我的一张手写的纸条，都定格在一个画面里。

随着夜幕降临，大家开始用租来的电轨车载着支持者们和工作人员去芝加哥格兰特公园——当时沿湖快车道不让通别的车，我们便找到了这么喜庆的交通方式。我一直跟团队说我稍后追上他们；我觉得我可能是紧张得快要昏过去了。我是我们那一层楼上剩下的最后一个人。最后，戴伊和我的好朋友杰茜卡 · 赖特（Jessica Wright）——杰茜卡也是我们团队的——上来找我，劝我走，她们不会在投票结果揭晓时让我一个人待着。而且不管四年前发生了什么，很显然，我一个人也不可能毁掉整个团队的工作。

我们戴上腕带准备去格兰特公园，走进好利汉餐厅（Houlihan’s），喝点灰皮诺葡萄酒，吃点布法罗鸡肉，热热身。我们刚吃了几口鸡肉，新墨西哥州的选票就开始宣布了，然后我记得是俄亥俄州。突然，大家彼此对视，说了句：“天哪！”

我们赶紧结账，跑到凯悦酒店（Hyatt），要到了最后几辆电轨车，开往格兰特公园。沿湖快车道很安静，但随着我们越来越靠近，就听见大家在欢呼庆祝。我们的电轨车驶入 VIP 入口之后，我们跳下了车，赶紧跑。年迈友好的沃尔夫 · 布里策（Wolf Blitzer）正说着：“CNN 现在可以预测贝拉克 · 奥巴马将成为第四十四任美国总统。”我们恰好及时赶到，看到这样的反应。

这一场景感觉不太真实。杰西 · 杰克逊牧师（Reverend Jesse Jackson）正试图举起奥普拉，要么是让她可以看得更清楚，要么是帮她跨过栅栏。布拉德·皮特（Brad Pitt）就站在我们旁边，激动地哭了。

我在那儿待了一小会儿庆祝了一下，但回到家恐怕得到半夜了。我只好收拾一下，离开聚会，为第二天做准备。

为了竞选工作，我已经搬到了芝加哥，住在芝加哥河北岸，离格兰特公园不远的一个社区。我刚搬到那里时，周边很安静——静得不太真实。我准备上床睡觉时感觉很疯狂——很兴奋又热泪盈眶，很疲惫但又有种奇怪的感觉。外面还很暖和，于是我把窗户都打开了。我刚把闹钟设到早上 5 点 30，就听到外面街上一些小孩在喊着："是的，我们可以！"[①]

· · ·

我从奥巴马那儿学到了很多关于领导力的事。（很显然）作为上司，他并不会让你觉得你需要证明自己；也就没有外部的压力让你拖延或者走捷径。他从不大呼小叫，或贬低任何人——即便你让他失望了，只要你提前认错，他也就不计前嫌了。他真的把我们当成年人对待，让我们自己吸取教训。

作为总统，如果情况需要，他也能变得更强势。2009 年 12 月，我们去哥本哈根参加联合国气候变化大会。在临近大会的前几天和几周内，我们并不知道美国总统也需要在场；谈判进程很慢，而且也不清楚谈判员们是否已经准备好让国家首脑参与到谈判中来。

大会前一周左右，我们决定去一趟，但行程安排得非常"疯狂"：总统先生要在早上 7 点下飞机，立刻赶去会议中心，谈判一结束就离开，也不在那里过夜。因为大会召开时间离圣诞节很近，我们可不想万一天气不好被困

---

① 奥巴马的竞选口号。——译者注

在丹麦回不去。等我们到了会议中心，气氛已经不对了——混乱、紧张。第一个原因是，这个会议中心同时还在举办哥本哈根国际时尚展会，美国代表团所在的等候室，我只能描述说是和一个被废弃的牛仔服饰店差不多：有一群裸体人体模型。第二个原因是谈判进展得不顺利。

但大家表现得都很奇怪。总统先生提出要与中国的温总理、巴西总统路易斯·伊纳西奥·卢拉·达席尔瓦（Luiz Inácio Lula da Silva）、印度总理曼莫汉·辛格（Manmohan Singh）以及南非总统雅各布·祖玛（Jacob Zuma）会晤。结果到下午，我们陆续听到消息说印度代表团走了——去机场了之类的。整件事情很可能会进展不下去。巴西代表说他们也不知道巴西总统在印度代表团不在场的情况下和美国总统会晤是否合适；南非代表团说如果其他人不去，祖玛总统也不参加了。没有人知道他们的领导在哪里——除了印度总理辛格，显然，他已经回国了。

但这还没结束。随着谈判越来越久，我和代表团其他的成员坐在那个“牛仔服饰店”，开始收到消息说华盛顿天气不好。华盛顿暴雪将至，如果我们不快点离开——像军事助理建议马上就走——安德鲁斯空军基地（Andrews Air Force Base）会在我们降落前关闭。军事助理开始催促我把总统先生从会议中拉出来，这样才能在暴雪前赶回去。

虽然几乎所有人都不赞同我，但我还是让他们等待一下。（周围没什么吃的，不过国家安全顾问琼斯将军最后拿着酒出现了。）局势一直十分紧张——而且事关重大——所以我知道我们必须给总统先生足够的时间。

那场会议持续了大约一个半小时，然后我们赶紧离开哥本哈根，再晚两分半钟，我们就要因为天气问题滞留了。虽然那是我们坐空军一号以来经历过的最困难的一次降落，但奥巴马总统通过那次会议达成了一个协议。坚持能让人走得远，但领袖还需要鼓励和支持这种前进的动力。

· · ·

奥巴马赢得 2008 年总统选举之后，我的工作也保留了，成为总统先生的日程安排和执行推进主任，直到 2011 年 1 月，我被提拔为负责白宫日常运作的副幕僚长。我得以提拔是因为吉姆 · 梅西纳（Jim Messina）决定辞去副幕僚长一职，去做 2012 年奥巴马竞选连任美国总统的竞选经理，几个小时后，我就被告知他们有意让我担当这个职位，我也接受了。这是一份晋升的工作——不是一个横向的换岗——但这也与我想不想要这份工作无关。

我几乎没有什么时间准备问题问吉姆，更没时间和他当面咨询。我只有大概 15 分钟时间见他，问清我该怎么做这份工作。“这份工作”就是：监督好白宫院内所有事情的进展；幕僚长出差的任何时候，都要担当起总统的代理幕僚长的职责；管理好各项总统事务和行政部门的人事任命工作；审查内阁各岗位的提名人选；协调特工处、第一家庭和包括空军一号、海军一号在内的白宫军事办公室之间的工作。

我的第一个问题就是：“你决定把哪些部门放在白宫西翼办公楼区？”

吉姆大笑：“这是最难的一个问题，而且也是个很烦人的问题。”很快我自己就了解到了。除此以外，除了“你会自己弄明白的”和警告我反复检查任何军队飞行请求的人员名单——“旅客名单”，以确保没有哪个内阁部长企图偷偷让朋友登上飞机以外，他也没提供什么参考意见。之后，一切就都靠我自己了。

向我汇报的各部门在给我提供了简报材料后,我的助理丹·布伦戴奇(Dan Brundage)协助我整理所有这些简报材料，这样我能够好好研习一下各部门的情况。这些部门包括：管理和行政办公室（负责总统行政办公室、预算、白宫人事以及白宫周围7万多平方米的土地的相关工作）；总统人事部门(负责各部门从政人员的提名和任命，许多都需要参议院的确认——从任命国务卿、大使到安排人员和分配任务）；白宫军事办公厅（WHMO）。因为我已经很了解日程安排和推进部门以及特工处的工作了，所以这两个部门就不用准备这些材料了。

乔治·马利根（George Mulligan）负责白宫军事办公厅。白宫军事办公厅和国防部等机构合作推进一些机密建设项目，维持政府持续运作——白宫军事办公厅有专门的团队负责驾驶和维修空军一号、海军一号，他们还负责替换或者升级这些飞机，保养和修缮戴维营（Camp David）[①]。他们负责以上活动中机密和非机密日常活动的预算——这就意味着这其中部分资金的流向你是知悉的，而另一部分就不得而知了。总统的军事助理、协助总统个人需求的贴身助理以及白宫医疗队都是白宫军事办公厅的成员。

在所有这些部门中，我认为白宫军事办公厅是最难啃的一个部门——这个部门复杂、可怕、程序化，没有任何备忘单来理清这个部门的事情。见到白宫军事办公厅的人往往是在白宫某个机密会议室里，我经常和军事高级顾问及荣誉将军们坐在一起。我担心我在和他们进行第一次汇报会上，看上去像一个十足的外行。而且这个汇报会就安排在我担任副幕僚长的第一周。

---

① 位于马里兰州，为美国总统的休假地，搭乘直升机从白宫出发只需30分钟便可抵达。——译者注

在会议前，我的助理把白宫军事办公厅的材料都看了一遍，标记出一些他觉得重要的内容。然后我又阅览了一遍——我努力在汇报会前消化所有的内容，这样能表现出一切皆在掌握中的样子。会前一小时左右，我意识到这一点不太可能。这沓材料看上去就像是基于约翰 · 格里森姆（John Grisham）[①] 小说改编的严肃题材电影中的道具，包括建设项目的部分，空军一号更换，暂停了的直升机（HMX 号[②]）更换项目，海军食堂的运作以及负责总统先生和白宫院内通讯的白宫通讯机构。这沓材料太厚了，甚至都塞不进我的包里。

于是我重新部署战略。浏览了材料，标出所有对我来说最看不明白的内容。

当我走进那间不应当提起的机密房间时，他们安排我坐在桌子的上位，我是唯一的一名女性。大家都穿着军装，我穿的是一件凯特 · 丝蓓（Kate Spade）的外套，这个牌子可能还出过印有爱心的汗衫。他们称呼我"女士"或者"副幕僚长"肯定能让奥巴马总统乐开花。（好在他当时不在场。）

他们问我想从哪个部分开始。我打开我那看起来很疯狂、贴满便利贴的文件夹，开始了第一个问题，是关于直升机更换项目的。他们回答之后，我的问题更多了。会议应该持续了两个小时。

不过会议进行了大约 30 分钟后，我就渐入佳境了。问题不断提出，也不断得到解答。我还没意识到，就已经弄明白了。

---

① 约翰 · 格里森姆（John Grisham）是美国知名畅销书作家，写了许多富含法律内容、充满悬疑的犯罪小说。——译者注

② HMX-1 是美国总统乘坐的直升机。——译者注

能对于其他人每天都忙的工作抱着一种求知好奇之心，这是对他们最大的恭维——结果证明即使我不知道这些答案，对我也无害。我得到的回馈就是白宫军事办公厅的主任们都“喜欢我的领导”。

第二章

提前准备，如何经营你的人生

SMILE

大家都以为和总统一起出行是一件好差事——奢华的服务、大吃大喝、美味佳肴。其实并不是。每一站通常是待一到两天左右——并不是度假，顺便再和几个世界各国领导人进行一些非正式会晤。每个人都在工作，努力协调外交工作，想着接下来要做什么。大家都忙到不知道什么时候吃饭——有时候你甚至一整天都吃不上饭。

我和总统先生同行的最后几次行程之一是 2014 年的欧洲之行。我们在欧洲待了大约一周，去了荷兰、比利时和意大利，和意大利总理马泰奥·伦齐（Matteo Renzi）在罗马共进午餐前，还快速绕道去了一趟梵蒂冈见了罗马教皇方济各。一张我在布鲁塞尔欧盟总部的沙发上睡着了的照片就充分说明了当时我们的感受——疲倦。

和教皇见面的当天早晨，也是整个旅程最令人激动的一部分，我下楼去酒店的餐厅喝咖啡。我原本没打算吃东西，但在虚弱的一瞬间，我还是吃了点鸡蛋——因为我发现我可能要等到晚餐才能再吃东西了。

很不幸，吃鸡蛋对我来说并不是个明智之举——我有肠易激综合征（IBS）。而且在我焦虑或者有压力的情况下，症状更严重。和总统先生一起出行，我必须要学会在非常重要的情况下要控制好别腹泻拉在裤子上。一般在国外，你总会想吃当地的食物——我病得最严重的一次是在新加坡的莱佛士酒店（Raffles）吃了蓝绶带法式鸡肉卷。我的肠胃不能很好地消化鸡蛋。

我为什么要点鸡蛋呢？我也不知道。那是个冲动的决定。我当时马上要进入当副幕僚长的最后一个月了，于是放松了警惕。在菲瑞尔·高娃斯理（Ferial Govashiri）——我们也叫她“菲”，她是奥巴马的私人助理和我的前室友——帮苏珊·赖斯（Susan Rice）别头纱的时候，我的胃就开始响了。

“艾丽莎，”菲瑞尔问道，“你早餐吃了什么吗？”菲瑞尔很了解我的消化问题。我告诉她我吃了鸡蛋和咖啡。她非常失望地看着我。

我们到达梵蒂冈时，我就开始流汗了。如果你之前从没去过梵蒂冈，当我说感觉就像在电影《达·芬奇密码》中一样，你会觉得我说得很没说服力，但是相对于梵蒂冈的神圣庄严来说，这是我能用上不带宗教意味的最佳比喻了。那里的画、建筑——你都不需要是天主教徒就能发现这简直美得不可思议。可不能在这样一个神圣的地方犯消化系统毛病啊。

奥巴马总统被安排和教皇方济各在非公开场合会晤，高层官员安排的是半公开场合。我们走过一些正式接待室，然后在华丽的走廊上列队等候（约翰·克里、苏珊·赖斯、我以及丹·法伊弗（Dan Pfeiffer）——奥巴马的战略和通讯高级顾问，也是我的好朋友）。

这时候我需要盘算一下。对我来说什么更重要？我要不要跟谁说一下我可能要在梵蒂冈腹泻了，从而寻求帮助？还是说我要闭嘴，然后可能默默地拉在自己身上？哪个是相对不那么糟糕的选择？我不知道奥巴马在里面还要待多久，我也不想错过这次进去见教皇的机会——你去教皇的房间迟到可不好。我试着向消化守护神祈祷——实际上确实有几个能减轻胃疼的守护神——但我并没有因此而安心。

我还是跟人说了。我在白宫工作了这么久，大部分高层官员都知道我有肠易激综合征；有一次我还甚至让国家安全事务副顾问本·罗兹（Ben Rhodes）在阿富汗总统哈米德·卡尔扎伊（Hamid Karzai）的皇宫内帮我守厕所门，走廊另一边还有两名阿富汗警卫在玩牌、抽烟。这种事真的能拉近人与人之间的距离。当你跟别人说：“是这么一个事，我可能要在这架直升机上方便了。”如果他们在之后不躲你，那你就拥有了一个一生的挚友了。

团队立刻行动起来，但他们在那栋楼里找不到卫生间。我吓坏了：总统先生与教皇的会面马上就要结束了。

最后，一个基层员工给我从医生那里带来了一个好消息和一个坏消息。

好消息是：他们有最强效的治腹泻的药。

坏消息是：到处都找不到可以喝的水。

这时候，我隐隐约约感觉到一种紧迫感在团队里蔓延开，包括我手下大部分的人：他们都投入到了为我找一杯水的任务中，好让我赶紧吃下这紧急用药，来阻止这场可怕的腹泻。我满脑子都在想不要在这个神圣的地方拉在自己身上。感觉仿佛过了十二三个小时，有人终于找来了一杯水。

“这水从哪里来的？”我问道。

没人回答。我只知道这是梵蒂冈的一杯水，我也喝了这杯水。

在白宫工作期间，可以见到很多知名人士、重要人士，但第一次真正让我触动的是见到教皇。这次和教皇的见面很简单——你走上前去，握住他的手，说“教皇陛下，很荣幸见到您”；然后往前走——我是无宗教信仰的人。但我的一些家人和许多朋友是天主教徒，有这么多人觉得能见到这个人对他们来说意义重大，我也很震撼。因此我觉得很幸运。

结束之后，我得回车里躺下。跟所有我们行程的司机一样，这次的司机也是来自军队的，每当我不得不在他们面前暴露我脆弱的消化系统时，我都会觉得很尴尬（而且我裤子的扣子还没扣）。他问我要不要紧，需不需要他去叫医生，我说不用。

当我瘫在车后座时，感觉腿上有什么硌得慌，是教堂门口发放的赐过福的玫瑰念珠。在总统先生和梵蒂冈国务卿会晤时，我在外面等着，已经拿了五包左右，全都装在我的口袋里。

· · ·

我一直喜欢那种做好了准备的感觉。准备是你能为自己打造的保护层；对一些人来说，最难的是在未雨绸缪和杞人忧天之间找到一种平衡，但根据我的个人经验，准备永远不嫌多。我说的是一切事，包括经常带一包奇怪的胃药——我个人比较喜欢随身备着易蒙停（Imodium）止泻药、Gas-X[①]和几片赞安诺（Xanax，红酒也有效，但打包起来带在身上不太方便）——带点广藿香，气味很好，对我有镇定的效果。我在见一个人之前也会查阅与这个人有关的所有信息，还会经常读报。如果你真的读报（实实在在拿在手里的那种纸质报纸），你会在不经意间发现一些你在网上根本找不到的信息。如果我把每天当作高考一样填鸭式地过日子，那肯定是很痛苦的体验，但能对生活有所掌控，花点时间去思考接下来——接下来会发生的、要做的事，这一点很关键。你会惊奇地发现五分钟、十五分钟的安排和准备能让你胸有成竹。

在奥巴马还是参议员的时候，他出国的行程与后勤保障是由参议院外交关系委员会（Senate Foreign Relations Committee, SFRC）单独负责。除了安排他到芝加哥的奥黑尔机场外（这事往往也是他自己亲自做），到白宫工作时，我其实并不知道出国的行程中包括什么。只有之前有过一次有点留下后遗症

① Gas-X是防止肚子排气的非处方药，主要用于缓解因肠胃道不适的胀气，治疗腹泻。——译者注

的经历。

2008 年竞选期间，我们曾考虑过安排奥巴马去一趟海外，来展示他在国外有多受欢迎，他如何处理好一切，消除任何对他外交政策能力的质疑。但奥巴马正式成为民主党提名总统候选人花的时间真的太长了（到 6 月份定的），以至于我觉得这次可能无法出国了。因为我们能规划的空档太短了，我以为竞选团队应该会想把所有的精力都放在凝聚全美人民上——这些人才是最后真正去投票的人。

噢，结果不是这样的。

在 6 月第二周的一个晚上，我们正和奥巴马进行电话会议。海外之旅提上了日程，我认为这通电话只是为了正式把这项工作纳入日程，不会谈到具体内容。但当我接进电话时（就迟到了几秒钟），讨论已经从原本可能去英国和德国的计划变成了去伊拉克、约旦、以色列、德国、法国和英国。如果那个时候就有“LOLZ”（笑翻的意思）这个短语的话，我当时肯定给在通话中的所有人发这个短信了。结果反倒是普劳夫问我觉得我们在德国柏林能召集到什么样的群体。“我可以跟你说说美国新罕布什尔州柏林市的群众的情况，”我答道，“但我不知道我们在德国能做些什么。”

不管怎么说，海外之旅还是定下来了。

会后我就睡了，早上早早地起了床。这种情况需要我们根据轻重缓急进行优先安排。

第二天，我召集日程安排和推进团队，跟他们说了这个消息。有埃米特、戴伊、杰丝、大利兹、阿斯特里、乔乔、弗、查斯、特德、努尔、蒂尔、Q、莱维特、多尼及实习生小凯特。我记得莱赛、利利和塔布曼是在电话中参加的会议。他们大概有一个月的时间来规划这六国的行程，这工作量可是非常大。

但团队却显得异常亢奋。大家开始大声说出我们应当要考虑的问题。护照、签证、翻译、酒店、志愿者、日出差津贴、行李标签翻译！作为总统候选人出国访问意味着你无法享有所有驻各国美国大使馆的帮助。我们只能单打独斗——基本上是以游客的身份来申请签证、安排行程。现在没有时间顾及高贵的自尊。

每个人都有各自的职能。首先，高级外交政策顾问丹尼斯 · 麦克多诺（Denis McDonough）和当时竞选团队的外交政策发言撰稿人本 · 罗兹（Ben Rhodes）召集了我们各“国家队长”——协助各个国家团队处理好相关事务的外交政策专家。

彼得 · 纽厄尔（Peter Newell）——努尔，是新闻通稿团队的主任，主要负责奥巴马随行记者的后勤工作，包括他们的食宿、签证。除此之外，他还要负责其他事宜，比如在以色列时，凯蒂 · 库里克（Katie Couric）要在哪里采访奥巴马，确保我们住的酒店能容纳卫星车来直播外景采访。努尔还得保证记者们都能有足够的新闻素材（缺少素材的记者团可是一个坏……消息），同时不管奥巴马去哪里，出现在镜头前的背景也不能出差错。

特德 · “推草机” · 基奥多（Ted “Tedders” Chiodo）负责交通后勤、确保所有酒店预订和签证办理稳妥。我们让特德从芝加哥出发，带着满满一袋现金和 60 份需要加急的约旦签证申请表前往华盛顿办理签证。运输安全管理局（TSA）安检时看都没看一眼这些东西。

我们决定在柏林的室外举行一次大型的演讲，并派我的副手埃米特 · 贝利沃（Emmett Beliveau）去德国当地考察一下，选定一个地点。

戴伊、杰丝和蕾兹·纳尔逊(Lezzie Nelson)轮流负责行程——因为芝加哥、欧洲和中东存在时差，需要每周7天、每天24小时连轴运作对接地方团队。因为小凯特（凯特·伯纳[Kate Berner]）是最年轻的，她负责一些技术活（黑莓手机操作）。每个国家的执行团队都有一个能说当地语言的核心人员。

随着我们从初选过渡到大选，我们已经从租用包机到租用一架专用波音757飞机，同时需要给这架飞机配备更好的座椅，还要为候选人提供私人空间。除了监督执行这次旅行外，这工作也落到了我头上。当我跟普劳夫说我们需要这架飞机时，他正盯着电脑打字，快速抬头瞄了我一眼问道："要多少钱？"我说，加上在飞机上刷上"做出你相信的改变"口号的费用，用完之后再把飞机还原成原样，我估计总共需要约300万美元。

"好。"

当我告诉他我已经谈好价钱给奥巴马的舱位上安上驾驶员的座椅时，他抬头眼神锐利地看着我，问道："那这又花了多少钱？"

我承认，我特意提到这点可以说全是为了自夸一下。我笑嘻嘻地告诉他我买下的是当年为约翰·克里2004年竞选购买的旧座椅，每个才花了3000美元，真的很便宜。他说："那就好。"

这架飞机原计划是要在我们飞往中东前三天左右交付到芝加哥。在交付前两天左右，他们拍了一张刚粉刷过的飞机的照片发给我。很漂亮——除了字体错了以外。作为一个体面的商人，有一点很重要：如果你理智、聪明、懂礼貌，你的生意会走得更远。我和这家飞机公司关系很好，在我看到这些歪歪扭扭的字体后，并没有吼他们。我友好地告诉他们需要把整个飞机重新粉刷一遍，使用奥巴马团队风格的 Gotham 字体——而且得尽快。他们照做了。

埃里克 · 莱塞（Eric Lesser）负责行李运输。他是 2007 年哈佛学院民主党团体[1]的成员，曾让新罕布什尔州州长珍妮 · 沙欣（Jeanne Shaheen）给我打电话让我帮他找份工作，做什么都可以。他和奥巴马及所有随行记者团一起乘坐飞机，从来没丢失过一件行李。在整个行程中，他组织各国的行李志愿者，把我们的行李标签翻译成五种语言。（现在他是马萨诸塞州的州参议员。）

在先遣执行团队准备出发前几天，我走进竞选办公室，发现地上有四个大的移动箱子，小凯特站在旁边，瞪大眼睛。凯特是芝加哥大学的大三学生，利用暑假在竞选团队实习，最后就跟我们日程安排团队一起干了。这些箱子里有 75 个黑莓手机，分成“已设置”“先遣执行团队”“出行团队”等几类。2008 年，我们的黑莓手机还没有国际服务，所以我们租了一大堆能在国外用的手机设备，小凯特手动将所有团队的 75 个号码都录入了每一个手机中。

在我们剩下的人离开的前一天，我让小凯特负责给所有高级官员培训如何使用这些手机。当我听到她在走廊上追着戴维 · 阿克塞尔罗德（David Axelrod）喊“阿克塞，等等！我要跟你讲讲怎么用这个手机！”时，我是再自豪不过了。（小凯特毕业后，又在白宫工作了几年。）

重新粉刷好的飞机最后及时抵达了，非常漂亮壮观。

---

① 哈佛学院一个由学生自主管理的民主党派政治团体。——译者注

· · ·

当我们降落在约旦时，我很高兴见到弗。弗出生于伊朗；她的家人在伊朗革命期间，从塞浦路斯逃到德国，再到美国明尼苏达州，最终在加州定居了。在加入竞选团队前，她曾担任奥兰治县的青年民主党主席。她是约旦安曼先遣执行团队的成员，而且将手握着我们接下来诸多行程的生命线。

安曼真是热死了。安曼那段行程中，我们大部分时间是在一个会议室完成下一站以色列的规划，以色列这一站将成为一大壮举。我们计划从特拉维夫市去耶路撒冷、斯德洛特，再回耶路撒冷，再去拉姆安拉，回耶路撒冷，最后再回到特拉维夫市启程离开。我们在 36 个小时内，举办了 18 次会议和活动。其间有一次，就在离我们住的酒店几条街道远的地方发生了一起汽车爆炸事件，我们一时联系不上地方先遣团队的一名成员。很吓人，不过好在这名成员没事。

我们有一个传奇式的人物带领着在以色列的先遣执行团队。他也是个说话毫不客气的人。有一次，当时在以色列的行程已经接近后半段了，我们还在讨论要不要从辛贝特[①]借直升机，他直接对我们中的一个人说："如果你不闭嘴的话，我就要'用真空吸尘器把你给强暴了'。"我对那段旅程的记忆最深的就是明白了压力会让你牙龈出血。但从其他多方面而言，那次行程还是挺成功的。

下一个大的挑战就是柏林的重大活动，虽然我个人并不是特别担忧——埃米特已经在德国了（后来我发现，他真的已经疲惫不堪了）。虽然说以色

---

① Shin Bet，即以色列反情报与国内安全局。——译者注

列之行是最让人焦虑的一段行程，但柏林才是真正关键的一站，如果柏林之行不成功，如果没有足够的人出现在活动现场，如果胜利纪念柱外面的背景看起来不好，我们看上去就会跟傻子一样。

进入柏林之后，我们就听到消息说有 10 万人在等着奥巴马。我们没有相信，但其实是真的。航拍的人群照片看上去很“疯狂”：人山人海，踮着脚尖、举着相机，大家都想在电视机新闻播报外看一看贝拉克·奥巴马的真容。

奥巴马在台上发表演讲，阐述柏林如何证明了国际合作的重要性（巧妙地传递了他将怎样纠正乔治 · 布什在任八年产生的问题），我和阿克塞、吉布斯、苏珊 · 赖斯就站在等候区。我已经听奥巴马做过无数演讲，他一直是一个很优秀的演说家，这次演讲让我感到无比骄傲。我们知道贝拉克 · 奥巴马很优秀，但是看到其他国家这么多的人认可这一点，这确实很让人动容。活动效果非常好，约翰 · 麦凯恩（John McCain）甚至剪辑了这个活动的一些片段放进他的题为《名人》的竞选广告[①]中，把奥巴马比作布兰妮 · 斯皮尔斯和帕丽斯 · 希尔顿（Paris Hilton）一样的巨星。

之后，每个人都对“走出去”高谈阔论。我们当时住在勃兰登堡门对面的阿德隆酒店（Adlon Hotel，当年迈克尔 · 杰克逊就是在这家酒店把还在襁褓中的儿子抱到阳台上往窗外摇晃）；我回到自己的房间，点了牛排和酒，晚上 9 点前就昏睡过去了。第二天早上，马尔弗 8 点钟起床，帮我一起搜寻

① 参议员约翰 · 麦凯恩也曾在 2008 年竞选美国总统。竞选团队一般会制作自己的竞选广告，宣传自己的竞选理念和口号或批评、贬低竞选对手。麦凯恩团队曾做过一个以“名人”为主题的竞选广告，将奥巴马比作下文提到的布兰妮 · 斯皮尔斯（即小甜甜布兰妮）以及美国希尔顿集团继承人之一帕丽斯 · 希尔顿两位超级巨星，意在指出奥巴马最多只是像一个巨星一样有名气而已，并不具备做总统的领导力。——译者注

薄皮苹果卷，我小时候一位德国保姆经常给我做这个。我们找到的这个苹果卷没有她做的好吃，但也是那次旅行中特别棒的时刻。

法国和英国之旅很顺利，没出什么意外，我从伦敦到芝加哥的飞机上睡了一路，中间都没醒过。

那次出国出访非常冒险。让总统候选人在大选前四个月离开国内，在很多方面很可能会适得其反——比如，2012 年，米特·罗姆尼（Mitt Romney）[①] 的伦敦、华沙和以色列之行就被《华盛顿邮报》写成是“失态狂欢”；英国的小报《太阳报》称他为“笑柄米特”。我们之所以能如此成功在于我们为一切可能发生的问题都做足了准备——大到重大安全问题，小到行李标签。

· · ·

2009 年 3 月末，奥巴马总统决定担任美国总统后的第一次访问将去伊拉克。作为日程安排及执行部门的主任，我带领着一支协调队伍——我们和负责国家安全的工作人员、白宫军事办公室、特工处和白宫的工作人员协作，负责规划这次出访最终要如何具体落实。

当你安排总统或任何一个重要的人物去国外时，绝对不是件小事。你们肯定还记得通常在某天早上突然看到总统、副总统或者国务卿的飞机降落在伊拉克或阿富汗的新闻。大部分情况下，总统通常都是在晚上坐飞机，这样没有人知道他离开白宫；然后在美国人民早上起来时就抵达目的地了，这样

---

① 米特·罗姆尼（Mitt Romney）2012 年竞选美国总统。——译者注

一些潜在的危险分子也没有时间来安排什么危险的活动。

要顺利完成需要付出很多——需要充分相信你的团队能处理好相关的编排，神不知鬼不觉地把大约 40 人（员工、特工处人员、记者）送上天。我原以为有了前面一年精心安排竞选行程的经验，这次我们也能搞定。结果实际并非如此。

2009 年，我们觉得既然这是我们第一次去伊拉克，就应当尽可能地对自己严苛一点。我们在事先规划好的“美国大陆外”之旅中，刚结束土耳其那一站就要立刻前往伊拉克。

为了和总统先生及一小部分员工一起迅速离开土耳其前往伊拉克，我们假装我们的备用飞机（出国的时候，往往会备两架飞机，以防其中一架出故障）坏了，所以我们走的时候就没有备用飞机，直接“回华盛顿”了。

这意味着我们对自己的同事撒谎了——我们让所有没必要一直陪着奥巴马的人在土耳其多待了几个小时，直到我们抵达伊拉克，被骗的还有那些不在白宫记者团里的记者们。我们提前告知过白宫记者团（一个 13 人左右的团队，轮流跟着奥巴马报道）伊拉克的行程，而且行程计划中也包含了他们（而且告诉他们如果不想进入战争地带，可以回国）。但这些信息是禁止公开的，也就是说他们不能对此进行报道或讨论。

我们刚飞往伊拉克不到几个小时，埃米特——当时还是我的副手，在竞选结束后做了白宫日程执行团队的主任，打电话到空军一号上，告诉我们巴格达郊外起沙尘暴了。直升机在沙尘暴中飞行会很艰难。我们原本的计划是飞机降落在巴格达郊外的美国基地“胜利营（Camp Victory）”，然后从飞机上下来，跑过去坐直升机，尽快起飞去“绿区”[1]，参加和伊拉克总统塔拉巴尼（Talabani）、总理马利基 (al-Maliki) 的会晤。现在沙尘暴来了，我们得想想到底该怎么办，而且要快——你可不能带着总统先生在伊拉克拖拖拉拉的。

当我们凑在空军一号的会议桌上时，吉布斯问我口袋里装了什么。“呃……”我假装在口袋里翻着。“什么都没有？”他白了我一眼，但他也没说什么，因为我们当时正和时任伊拉克多国部队主将的奥迪尔诺将军（General Odierno）通电话，讨论备选计划，什么时候降落。

说实话，我之前并没有考虑太多口袋里要带什么，但我的口袋里确实有东西。我之前从没坐过直升机，总觉得我们一飞上天，我肯定就会吐。我是那趟行程中职位最高的女性（在一帮男人中间），我可不想给自己（和所有女性）丢脸，于是我就在出发前去趟了全食超市（Whole Foods），备了一些塑料保鲜袋，塞进我的风衣口袋随身带着（我觉得穿着这件风衣有种“神偷卡门”[2]的感觉），以备不时之需。正常应该是带着一两个袋子就够了，但我当时可能带了五六个袋子，结果把自己给暴露了。我就像是一个企图从餐厅偷麦片的涉世未深的大学生。

沙尘暴非常严峻——不过我根本没见着沙尘暴，因为我们最终在胜利营

① “绿区”或“绿色区域”(the Green Area)，是美军 2003 年占领伊拉克首都巴格达后，在市中心划分出一块约 3 平方千米的区域，实施重点保护，同巴格达其他地区时有发生的袭击和爆炸事件比较起来，“绿区”内相对安全一些，现在也是伊拉克政府和外国使领馆所在的区域。——译者注

② 1985 年至 1996 年，欧美流行一个名叫 Where Is Carmen Sandiego 的解密类游戏。在游戏中，玩家将在不同的国家和地区追踪一个叫卡门 · 圣地亚哥 (Carmen Sandiego) 的身着红色风衣的女盗。1994 年美国迪克动画将其制作成一部 40 集的动画片。——译者注

降落，坐上了一列黑色雪佛兰萨博班车和两三辆白色客车组成的车队。我脱掉外套后，跟吉布斯和阿克塞坦白了，因为撒出的谎肯定会比真相还要奇怪。我解释说我口袋里装着塑料袋，是因为我绝对不想成为一个吐在某个军事将领身上的女人，他们对我的坦诚表示感谢。

我们抵达目的地，向驻守在曾属于萨达姆·侯赛因岳母的宫殿前的军队致意。我一般不太爱描述一个人对于某种情境的感受，但是我可以比较肯定地说当军队认出吉布斯并为他欢呼的时候，他吓了一跳，感觉受宠若惊。他没想到这些士兵也会经常看他每天的白宫新闻发布会。

罗兹和我坐在非常华丽的长凳上等待。然后我们赶紧跑到将军的处所，伊拉克总统正和其他伊拉克领导在这里开会。我们最后只能和塔拉巴尼总统及马利基总理电话沟通，而不能面对面交谈。

一般去战争区手机关机是很正常的，为的是不让人追踪到你的信号。但一旦会议开始了，媒体也都已经报道了奥巴马在伊拉克，那我就能开机使用我的手机了。于是我给我妹妹打了个电话。她接电话时正在上班。“天哪，姐，”她说道，“你在伊拉克？”

我们其实刚刚上任才两个月，但我感觉非常棒。虽然我最后没有在直升机上呕吐，但为最坏的情况做好准备能让我集中注意力关注我工作中“正常”的部分。当我知道即使我吐了，我也能有所准备不至于太丢人时，整件事就没有那么大的压力了。

简短插入：更多关于提前准备的小建议

女人之间通常问的一个问题是："你是怎么做到的？"这个问题问的可能是你的皮肤护理、运动健身、饮食控制，怎么做到下班前把收件箱里所有的邮件都处理完了，但我觉得这个问题归结到底就是问你"如何经营你的人生？"，很少是因为提问者好管闲事。这么问可能单纯只是因为好奇（这跟爱管闲事又不一样）；可能是因为想确保自己走在正确的轨道上。（我因为自己睡懒觉而揍了自己一顿，这么做对不对？）又或许是因为想要从别人的日常生活和工作中有所借鉴。（我如何做才能让自己不必再因为睡懒觉而揍自己呢？）不管怎么说，即使这些问题的答案都很枯燥，但偏偏总会让人好奇。我就来说说我是如何做到随时准备好的。

1. 经常列一个清单。我很喜欢好的清单。我把清单分为三部分：近期目标、长期目标和个人清单。近期目标这一类通常包括支付账单、买猫粮、约做头发或去药房取药。长期目标清单中包括弄清楚我的公司要如何在纽约州注册、还清车贷（我还清了！）、规划假期及预订音乐会门票。个人清单基本就是列出一些朋友的名单，提醒自己不要忘了打打电话，约着一起喝两杯或者一起去修甲。像"写这本书"这类事情会列入以上三个分类里，这样列出三次，以确保我能收到提示不会忘记。

下面是我今天（8 月 15 日）列的清单的一个样本：

今天：

完成第六章，劳伦 · 奥伊勒帮我修订

交第三季度的税（需要找到信封 / 必须晚饭后去一趟莱茵贝克）

去 PetSmart 宠物超市（需要给小彼得买猫粮、猫砂）

给邦邦 31 剪指甲

洗澡

下午 4：30 和霍普打电话

买这周的火车票

扔垃圾

下午 5：15 前出发去和老妈、普夫吃晚饭

本周：

参考劳伦·奥伊勒的修订修改第一、三、六章

撰写第四、五章

给苏扎写邮件说照片的事

帮劳伦·奥伊勒锁定九月份的房子

列出日耳曼敦的房子需要修缮的地方

看日耳曼敦的地

想好普夫的生日礼物

预约做头发

洗车

试试缬草根 32

帮小彼得约兽医做每年的体检

查看 Ace & Jig 外套是否已发货

查看 No.6 Clogs 的鞋是否已发货

给莫利写邮件聊塔吉特百货（Target）的科拉（CORA）牌卫生棉

联系索菲·沃克（Sophie Walker）

长期：

写书

看小说《女孩》（*The Girls*）

少吃碳水化合物

2. 我把每件事都放进我的日历中。如果能随时知道自己可以在哪里找到自己想要的东西，这能让我生活中的压力减少很多。当我开始设置日历提醒我支付账单后，我的信用评分上升了 100 个点。我也会设置提前三天的生日提醒，往寿星们的信箱里塞贺卡。（我经常在家里放些生日卡片和用于其他各种场合的多用卡片，还有邮票。一定要记得备着点邮票。）我还设置提醒去药房取药或者提前 30 天去某个抢手的餐厅预订好座位，预约美发和妇科医生——一切很难安排时间的事都设置了提醒。我会把需要采购的杂货也做一个清单，列入日历中。我经常需要 2% 的低脂牛奶、麦片、西瓜、咖啡、咖啡伴侣（别评价）和西柚汁，所以我一直带着这个清单，万一哪天我碰巧去了杂货店或超市，这可以提醒我要买什么。

3. 睡眠是有益的。之前很长一段时间，我对市面上上千本说睡眠重要性的书都持怀疑的态度。等我进入白宫工作时，就开始晚上 11 点左右上床，早上 5 点 15 分起床。因为“上床”并不等同于睡着，所以我每天晚上大概只睡了三到四个小时。虽然我是到了 35 岁后，睡眠质量才真的开始对我的生活产生了非常大的影响，但是请记住：充足的睡眠可以让你吃得少，有年轻的容貌，态度更佳，决策更明智。虽然最后我一直保持严格的睡眠养生（后文会有介绍），但在我离开白宫后，我才终于可以睡好了，睡眠才真正起了作用，改变了我的生活。

4. 关于旅行。不管我做什么或者去哪里，我都会给自己安排出尽可能多的时间。（我这么做，部分是因为如果把事情安排得太紧密的话，我可能会胃痉挛或者腹泻。）如果给对方留下一个好印象很重要的话，我会选择提前一天晚上乘飞机、火车或者开车过去，以保证第二天的状态良好。

我还从戴伊那里学会了打包的重要性。在白宫工作，你有可能会在一次旅行中经历三种完全不同的气候，所以打包行李变得至关重要。有一次，我们从沙特阿拉伯出发，去了埃及，然后经停德国，最后抵达法国。多穿几件衣服，别露出肩膀，这样总不会出错。

因为在白宫工作的人中没有谁有时间在各部门跑来跑去，大喊："我落下什么东西了没？"戴伊有一个打包清单，很快就在我们中间传颂；大约一年后，我们全部都坚信不疑地用上了这个清单。长途飞行需要压缩袜和长袖毛毯（是的，你没看错）；去食物难吃的地方需要带格兰诺拉燕麦棒；汰渍去污笔；去湿度高的国家要带发夹；在其他国家参加国宴时要备好文化上合适的着装和鞋子。有一次我们坐着空军一号去沙特阿拉伯，我不小心带了一双露趾凉鞋，大家都笑我，因此我一直在担心穿着这双鞋去见沙特国王时会引发一起国际意外事件（在沙特阿拉伯是不能露脚趾的）。这虽然不算是世界末日，但也不是什么好事。在有人向我介绍了戴伊的这个打包清单后，发生在我身上的事故也少了很多。

而且，我包里永远都备着 2 片以上的卫生棉——1 片自己备用，1 片可以借给朋友。

家中要处理的事	化妆	其他
打扫浴室	遮瑕	埃文
打扫厨房	Urban Decay 打底霜 9 号色	护照
打扫卧室	Smashbox 的 Photo Finish 妆前乳	执行前的行程安排
打扫客厅	眼线	文化备忘录
给泛美航空发邮件确认航班	睫毛膏	总统先生的安排
	睫毛夹	Nap 牌子的袜子
离开前	眉刷	Nap 的颈枕
注射疫苗后更新过的国际疫苗接种或预防证书	眼影	墨镜
信用卡	浅色系眼影	伞
相机充电	粉饼	白宫工作证
购买拉链密封袋	粉刷	白宫徽章
取钱	粉红色芭比波朗腮红	首饰
	NARS 古铜色化妆品	
医药	银色光泽唇蜜和 Newtral 古铜色化妆品	十二月出行
创可贴	镊子	睡袋
镇痛药 / 布洛芬止痛药	假睫毛	手表
过敏药		大码乐斯菲斯牌户外衣服
杀虫喷雾剂	其他衣物	瘦小的乐斯菲斯牌衣服
防晒油	耐克宽版运动裤	耐克连帽衫
个人卫生物品	黑白运动裤	REI 的运动裤
	2 件运动背心	床垫护罩
梳妆用品	灰色长运动裤	行程安排初稿
头绳和发带	1 件睡觉背心	
梳子	1 条短裤	
牙刷（和牙刷盒）	7 双袜子	
牙膏	黑色运动文胸	
牙线	白色运动文胸	
洗发水	网球鞋	
护发素	连帽衫	
紫外线防护隔离		
漱口水	电子设备	
易卷护发精华	相机	
头巾	相机充电器	
熨斗	2 个黑莓充电器	
卷发棒	黑莓充电器转换器	
浴帽	Ipod	
多芬肥皂	Ipod 充电器	
肥皂盒	电脑	
剃刀	电脑电源线	
洗面奶	安全码	
卸妆液	硬盘 PIN 码	
化妆棉		

5.关于学习。第一夫人对于国宴安排非常严格。国宴可不只是免费的玉盘珍馐和琼浆玉露；国宴其实也是工作，不能缺席。知道怎么做好准备其中就意味着要有自知之明——能够预测到自己可能会需要准备什么（或者会搞砸什么），据此来做好计划。我知道我绝不是最聪明的人，这没关系。会出问题的是（1）没有自知之明；（2）不能进行有意义的预测并做好准备。

就国宴而言，这就意味着你要事先知道自己旁边坐着谁，提前阅读一些有关材料，准备一些可以和对方聊的话题。当然有时候会遇到尴尬的情况。

即使你觉得自己短期内不会参加与外国显要人物的正式活动——当然你永远不知道这种事会不会发生——但你还是可以在工作面试中借鉴这条建议。我之前在准备工作面试时，会随时关注要面试我的人或者机构相关的新闻动态。如果可以的话，我会研读面试官的相关资料。当然，也很有可能在网上根本查不到要面试你的人的任何信息，但如果有的话，你必须要知道。最起码，公司的网站上一般会有员工简介。

如果你不是很熟悉这个人对于《天堂单身汉》（*Bachelor in Paradise*）节目的看法，对方也能理解；但如果你能知道她在公司的职务，来公司多长时间，甚至她在哪儿上的大学（有助于闲聊），这就可以充分证明你做足了功课，很认真努力。但千万别深挖对方Instagram（图片分享软件）的内容，如果这做得太过火，开口便说："我看到你发的照片了，你的狗喜欢吃兔子啊。"或者"你真的很喜欢普拉提呀！"那样的话，你都可以竞选"恐怖镇"镇长了。我面试过一些人，其中一次最差/最暴露一个人缺点的是在我们交流了10~15分钟后，对方突然停下正在说的话，开始惊呼："等一下！你之前有段时间是不是奥巴马的工作人员？"

我开始从事这类工作从来不是为了要成名。但准备非常重要，部分是因为大家都知道，要和别人进行一场专业对话，是应该带着问题，并且清楚对方是谁才去和他对话的。人人都知道上网搜索有多容易。而我当时面试的那个女人并不是住在没有网络的森林里，不认识我并没有让她看起来思想独立或者是一心专注于她自己的工作，两耳不闻窗外事，只会让她表现很不好。

· · ·

政治团队都有地方先遣执行团队，这是因为面对面沟通往往比通过电话或邮件沟通更容易，也更有效。我在担任日程安排和执行部门主任或者副幕僚长时，有时候也会因为某次行程特别复杂，想比总统先去目的地，因为我觉得这对于整个行程的落实是最好的办法。其中一次就是2012年去伦敦的时候。

总统当时要去英国，参加英国女王伊丽莎白二世登基60周年庆祝活动的启动仪式，我们的行程有许多不同的环节，比如：在白金汉宫用餐；去美国驻英大使的住所——温菲尔德庄园参加为庆祝女王陛下登基60周年举办的晚宴；去英国议会演讲。我们派出了所有能代表美国的团队——卡罗琳·肯尼迪（Caroline Kennedy，后来成为了美国驻日本大使）和她的丈夫；汤姆·汉克斯（Tom Hanks）和丽塔·威尔逊（Rita Wilson）；康卡斯特（Comcast）的CEO兼董事长布赖恩·罗伯茨（Brian Roberts）以及多丽丝·卡恩斯·古德温（Doris Kearns Goodwin）。我们需要一群能让女王看到会很开心的、有活力的美国人。当我们听说女王喜欢百老汇音乐剧时，就邀请了克里斯汀·肯诺恩斯（Kristin Chenoweth）去温菲尔德庄园演出。我需要提前去英国现场确保所有细节都没问题。虽然我们已经派出了常规的先遣执行团队，应该不会出什么问题，但是我还是不想留下任何漏洞。

就在我们准备送代表团出发时，冰岛的活火山格里姆火山（the Grímsvötn）爆发了，产生了巨大的烟雾，严重干扰了航空运行。飞机必须不计一切代价避开火山烟雾烟（雾温度太高，会导致引擎熔化），这让代表团飞往伦敦的行程变得困难重重。在我们计划离开的一周前，我还和卡罗琳来来回回写了几次邮件，打过电话——不过只是些女孩之间的闲聊。她儿子杰克的高中毕业典礼就在这次行程结束后的周末；她怕赶不回来，冒不起这个风险，决定不去了。

唉，希望代表团里其他人都能去，因为我真的不希望我们带去见女王的人太少。总统先生既然信任我们能处理好所有这些细节，那么你最不想看到的就是那可怕的质疑的眼神——那种眼神就好像在愤怒地说："这到底是怎么回事？"

我当时受了点风寒，就在代表团开始陆陆续续地抵达时，风寒开始发展成浑身不适的流感了。就在温菲尔德庄园的晚宴开始前，我离开酒店去理发店吹了一下头发，因为（1）很显然，这种场合需要整理一下发型；（2）我感冒了，看上去状态不太好，需要做下头发看起来精神一点。美国总统和第一夫人抵达伦敦，访问正式开始。我在自己房间里准备好之后，戴伊和法伊弗过来给我加油打气。这种情况下你往往可以任由他们说："嗯，多抹了点腮红。"我带了两片英国的维克斯感冒药，下楼上了车，前往温菲尔德庄园。

这里我要坦白一下：我喜欢这个皇室家庭，也真的非常爱戴女王。我们看到一些照片里，女王陛下开着路虎车，载着她的狗，戴着帽子，提着包——

还有比这更美好的事吗？这趟行程前好几周，我一直对包括奥巴马总统在内的所有人说，我小的时候，我那个德国保姆奶奶常翻出所有的德国小报，这样我们就能读一读关于一些皇室的新闻——当然是德国的皇室，不过也没关系，因为我只是对照片感兴趣。虽然我欣赏那些敢对小报甚至君主制翻白眼的人，但皇室确实就是有某种魅力。皇室的历史和传统很悠久，而这一切仿佛都来自稍纵即逝的某个年代。而且，我也很喜欢皇冠。

我们抵达温菲尔德庄园时，大家看起来都非常棒。平日里，我们经常看到彼此都是穿着同一套无聊的 J.Crew 的铅笔裙和羊毛衫，所以有这么个机会着装这么正式，挺有意思的。我把自己塞进了一件巴吉利·米诗卡（Badgley Mischka）的粉色裙子里（也可能是因为感冒，体重减轻了才穿得下）。我所有的正装裙都是从乔治敦的一家寄售商店 Ella Rue 买来的，如果有某个尺码相近（8+ 号臀围）的女性卖给他们 Oscar de la Renta 或者华伦天奴的衣服，他们会给我打电话。我经常穿完后又卖回给他们，这样成本就很低了。

不知道为什么，我并没有意识到我真的可以见到女王本人。当我们抵达温菲尔德庄园，在接待处排队时，我的话开始多了——就当是因为感冒药和一小杯香槟的效果，或者纯粹是因为紧张的缘故吧，我只记得法伊弗（Pfeiffer）说：“不会有事的，伙计。”这是他安慰我的方式。

伊丽莎白二世女王真是有魔力——穿着梦幻、耀眼的珠饰裙子，戴着皇冠，非常友好。（她亲切地和我们打了招呼。）奥巴马总统和第一夫人站在女王旁边，也非常帅气、端庄，这绝对让我抑制不住内心的开心。总统先生看着我，好似在说：“你可别把她绊倒了！”我当然没把她绊倒。

后来，瓦莱丽 · 贾勒特（Valerie Jarrett）为我引见了科林 · 弗思[①]（Colin Firth）和他的夫人——意大利有名的生态时尚活跃人物利维娅（Livia），于是我又喝了一杯香槟。我忽然觉得自己顿时黯然失色、柔软怯懦；利维娅简直就像女神。她身材高挑（反正比我高），穿着宝石绿的礼服。当时电影《国王的演讲》（*The King's Speech*）刚上映没多久，大家都簇拥在弗思周围谈论这部电影。我就有点沉默寡言了——也没什么特别的原因，可能就是因为感冒，而且这种场合也让我有点受宠若惊了。但是，作为外交人员我们的工作是要让接待我们的主人开心，配合他们，当时也没有需要用到我的地方。

可能因为利维娅不仅美丽，而且亲切、包容，她突然转向我，问道："你最喜欢哪部电影？"因为我当时不在状态，完全陷入了感冒药和香槟的影响中，无法分辨出她究竟是在问"你看过的所有电影中最喜欢哪部？"还是在问"你最喜欢科林 · 弗思演的哪部电影？"

补充：我强烈建议列出一些或多或少真的喜欢但又适合简短对话的电影、电视节目、书籍和音乐，以备像这样重要但又不太严肃的聚会聊天使用——如果一次客套寒暄就能让你显得像个没看过电影的傻子，这就说不过去了。我列的单子上有：《七个毕业生》（*St. Elmo's Fire*），像《九月刊》（*The September Issue*）、《奇迹》（*Miracle*）这一类体育影片；Showtime 频道播出的电视剧《白宫风云》（*The West Wing*）、《外遇》（*The Affair*）以及《生命的事实》（*The Facts of Life*）；电影《完美风暴》（*The Perfect Storm*），因为我喜欢里面对气候模式的描述；感恩而死乐队、歌手芭芭拉 · 史翠珊

① 英国著名男演员，2011 年凭借《国王的演讲》获得第 68 届美国金球奖电影剧情类最佳男主角奖和第 83 届奥斯卡金像奖最佳男主角奖。——译者注

（Barbra Streisand）、布鲁斯·斯普林斯汀（Bruce Springsteen）、莉莉丝音乐节上演出的那一类乐队，比如蓝色少女合唱团。这样就行了。

我就假定她指的是科林·弗思的电影。于是我开始再现《真爱至上》（Love Actually）里我最喜欢的一幕，我用我能说出的最像的（但其实根本不是标准的）英式口音喊着台词："我们爱杰米叔叔！我们讨厌杰米叔叔！"这可不仅是当着主演和他的夫人的面在表演，而且周围还有奈洁拉·劳森（Nigella Lawson）、汤姆·汉克斯(Tom Hanks)，最重要的是还有我第二天早上还要面对的同事。我从眼角余光中瞄到了大卫·贝克汉姆（David Beckham）在大笑。他肯定觉得我要么是搞笑，要么就是喝醉了。我后来跟大家说，我敢肯定贝克汉姆当时想和我一起演。抱歉了，"时髦辣妹"[①]。

我们回到酒店后，在酒吧又喝了一杯鸡尾酒，我又（艰难地）继续跟法伊弗、法夫斯（即奥巴马的首席撰稿人乔恩·法夫罗 [Jon Favreau]）以及普劳夫说着贝克汉姆其实想和我一起演的故事。最后我终于倦了，加上美酒和英国药物的作用，我的头开始晕了。我上了楼，把衣服扔进行李箱，然后上床睡觉了。

第二天早上，总统的贴身助理雷吉·洛夫（Reggie Love）来敲我的门。"老板让你今天到海军一号上去。"

换言之，奥巴马总统是要求我不和其他工作人员直接坐车去斯坦斯特德机场，而是和总统及第一夫人去白金汉宫和女王告别，然后和他们一起搭乘送总统和第一夫人去机场的直升机"海军一号"。

---

① 大卫·贝克汉姆的妻子维多利亚·贝克汉姆（Victoria Beckham），曾为英国流行组合辣妹合唱团（Spice Girls）的成员，在组合中别称为Posh（时髦辣妹）。——译者注

这就是个问题了。

通常和总统一起出行，如果早上要坐空军一号离开的话，前一天晚上就需要把行李放在门外，这样才能在离开前及时将行李运上飞机。鉴于我原本计划搭乘员工车比总统先生和第一夫人先去机场，而总统夫妇要先去一趟白金汉宫再和我们去机场汇合乘坐空军一号离开，加上我身体还是感觉有点不舒服，所以我就只为第二天留出了一件棕色的花呢夹克（感谢上帝还留了件夹克）、一件毛衣和牛仔裤。如果没有人（注意了：这里说的是媒体团或者外交人员）会看到你，通常牛仔裤和便装是可以接受的。总统先生和第一夫人一般也不会在意你在空军一号上穿的是不是牛仔裤。

但贝拉克·奥巴马真是太狡猾了。他明知道我很渴望去看看白金汉宫，成功地给了我惊喜，让我有这么一个机会。他也知道我没有参加第一晚在白金汉宫举行的晚宴，如果能亲眼看看白金汉宫对我来说意味着什么。于是他把某个人"赶"下了海军一号，这样我就有理由去白金汉宫了。

所以：我就这么穿着牛仔裤、毛衣和平底鞋（起码我没戴伯尔克斯首饰）站着，惊恐地看着雷吉，眼神里还略微看得出宿醉和感冒的状态。总统的提议本来很好，但这下倒是给了我压力。"我现在没有正装，"我说道，"这个样子去不了白金汉宫。"

他简短地答道："你觉得我要这么跟总统先生说吗？"

我抓起我的大皮包（这包也是我背痛的原因），上了车，吞了两片易蒙停止泻药提前预防我紧张的胃犯病，赶紧去了白金汉宫。我们走进宫内，奥巴马总统和第一夫人正与女王告别，我径直走向会客厅沙发背后的一片安全区。我坐立不安，假装在看杂志，祈祷工作人员不要注意到此时像个乡巴佬的我。

最后，大家开始准备离开时，我基本不敢动，因为真是吓坏了。我巴结了一下帮总统拿包的一名贴身男仆，求他让我拿一个包。没得逞。所以我只能紧紧地挨着一个小行李箱，在大草坪上挪动着走向在等候我们的海军一号。

我激动地回头看了一眼，多壮观啊。菲利普亲王和女王在送别，白金汉宫所有工作人员在草坪上列队向美国总统和第一夫人挥手告别。

等我们都登上海军一号，开始起飞，我终于松了一口气。没有人注意到我的着装！

然后总统转向我，低头看了一眼，说："牛仔裤？"

"对不起！"我答道，"我之前并不知道！"

他又上下打量了我一番："那是什么？"

是我不小心从白金汉宫顺走的《闲谈者》（*Tatler*）杂志，我当时太专注于想着要赶紧去直升机，忘了把杂志放回去了。

· · ·

我那天吸取到了几个重要的教训。第一：如果你离女王十几千米以内，随身带一条西装裤。第二：除非你是去参加艾奥瓦州集市会之类的活动，否则永远都要准备好随时进入更职业一点的状态。

我没有在白金汉宫的自拍——我当时太紧张了，根本就没想到这件事，不过我也不知道白金汉宫允不允许拍照。（另一条关于提前准备的准则是：永远都要提前知道有关规定，哪怕你是打算要打破规定。）但至少我拿到了一个纪念品。那一期《闲谈者》现在被我放在曼哈顿迷你自存仓的一个盒子里。我记得很清楚那期的封面是莉莉·科林斯（Lily Collins）。

第三章

独立思考，独立解决

SMILE

1994 年，共和党决定夺回国会众议院的多数席位，为此，他们开始了一场后来称之为“共和党革命（Republican Revolution）”的运动。“共和党革命”旨在团结共和党，找到一个比尔·克林顿的替代品。革命宣言由众议院少数党党鞭纽特·金里奇（Newt Gingrich）和另外一个叫迪克·阿梅（Dick Armey）的人共同撰写，借鉴了前总统、共和党人罗纳德·里根（Ronald Reagan）1985 年国情咨文中的部分精华，宣言被称为“与美国人的契约”。这份宣言概述了共和党如果在中期选举中赢得众议院多数席位，会有什么作为。他们的作为：将主要为底层阶级、女性、少数群体设置或者维持障碍。（他们的目的表达得非常清楚——“契约”的社会福利改革计划叫作“个人责任法案”[①]。还有一个《家庭巩固法案》[Family Reinforcement Act][②]，再加上打击犯罪。）纽特还为此在全国巡游进行宣传。

当我还是佛蒙特大学的一名 18 岁的大一新生时，虽然我的家人并不是超级热衷于政治，但我还是感受到了 1992 年中期选举的热情，甚至还想过要去参加比尔·克林顿的就职演说，不过我还是不太敢大老远跑去华盛顿特区。更重要的是，我特别容易受影响。虽然，从小父母就让我独立思考和行动，但我还是经常会因为朋友都在做某件事而跟着做——真的不是为了装酷，而是因为我好奇，想要尝试。所以就在宣布纽特要来柏林顿（Burlington）推

---

① 美国 1996 年通过的法案《个人责任与工作机会和解法》。因为这一法案设置了“贫困家庭临时救助”，取代了民主党支持的“抚养未成年儿童家庭援助”项目，对这方面社会福利有所约束。共和党认为穷人过于依赖社会福利，给社会福利基金造成巨大压力，强调穷人需要为个人负责。民主党认为这就是为社会底层人士和单亲家庭设置了障碍，这里被作者拿来调侃。——译者注

② 《家庭巩固法案》是共和党 1995 年提出的法案，家庭作为共和党的核心理念之一，这一法案设计儿童援助、领养、儿童教育、老年人福利等问题，但因法案内容仅触及皮毛，被民主党指责没有实际意义。——译者注

进“与美国人民的契约”运动时，我宿舍的一群人说他们要去抗议，我的反应就是：好极了，我也要去。

佛蒙特大学以自由派著称，虽然佛蒙特州也培养出了伯尼·桑德斯（Bernie Sanders）这样的民主社会主义者，但总的来说也并不是满大街都是社会主义人士。有一百来人去听了纽特的演讲。我们去了市中心活动会场外，等着开始我们的行动。

活动结束后，纽特回到车里准备离开，我们开始往前挤，挥舞着拳头大喊着口号。随着他的车在人群中缓缓移动，我也被挤了进去，接着我就做了一件感觉很自然的事：我跳到了车的引擎盖上。

虽然我之前内心很矛盾，但现在感觉真是太让人兴奋了。我，一个微不足道的大一学生，站在卑鄙的纽特 · 金里奇的配有专车司机的车上，想创造一点政治影响力。我在上面刚站了几秒，就下来了，让别人轮流站上去。我感觉自己就是全世界最酷的人。

遗憾的是，一群自由派大学生，跳上车引擎盖，并没有对“与美国人民的契约”运动产生什么影响。共和党在众议院赢得了 54 个席位，四十年来第一次成为多数党，并在参议院也赢得了 9 个席位。第二年，纽特成为众议院议长及《时代周刊》的年度人物。

不管怎样，我还是对这样的活动上瘾了。这可能也是因为这次行动没给我惹上任何麻烦——总而言之，这是一次风险很小的抗议——不过也可能是上天照顾。那次活动让我觉得参与政治很容易——也很有趣，于是我迫不及待地要再去做类似的事了。

· · ·

我意识到并没有多少人会为了给一些人留下深刻印象，而跳上某个有争议的政客的车上，但我一直都是想做什么就会去做的人。我很高兴——也很幸运出生在 20 世纪 70 年代。如果我可以选择出生的年代，我觉得可能会是 60 年代初，这样我就能在 1978 年跟着“感恩而死”乐队巡回演出了。那年夏天，“感恩而死”乐队在丹佛市区外的红石露天剧场（Red Rocks Amphitheater）演出，而且据说（我表示赞同）他们将“红石剧场原有的精神进一步升华了”。我很爱听这些演唱会。

话虽这么说，但我还是不太想离我实际成长的年代太久远。20 世纪 70 年代，大家都还挺淡定平和的。我不想过于怀旧，更何况当今社会还有那么多好处——妇女权利、谷歌地图，但我觉得“当年的日子要简单朴素一些”的说法在很多方面是对的。不管别人怎么跟你说科技和社交媒体如何让我们与现实脱离，说的可能都是对的，但我认为所有这些言论都可以归结于人们没有那么淡定了，一切都以目标为导向。大家都知道自己可以拥有什么或者相信自己理应拥有什么；都清楚哪些事情可能会出问题。这样清晰的目标会让很多事——约会、找工作，约一个你工作中遇到的人，为美国总统规划一次旅行——变得困难得多。

我的父母在 26 岁时生下了我——1976 年——我只记得他们在生活中打拼。当然记忆也不一定准确，但我妈和我爸跟我讲述过他们约会时的故事，现在光是回想起来就觉得很美好。他们那时会叫中餐外卖，一起看喜剧《全家福》（*All in the Family*）和电影《风流军医俏护士》（*M*A*S*H*），1973

年石油危机时还开着爷爷的车去加油。

看到没？生活很简单，很愉快，很有趣。有什么你就吃什么，没有精心设计的菜单可供选择，你也不用去想你吃的蔬菜或者用的卫生棉是不是天然有机无杂质的。我父亲过去常让我帮他做肉丸子——我当时才两岁，也没戴什么防护措施就去碎肉。我不知道现在还有多少父母会让孩子做这种事，但确实很好玩，而且我也没事，成长得很好。我甚至还有一些照片，拍到我偷喝啤酒瓶里最后一滴酒。

我不想给大家做一番“我在你们这个年纪的时候”这类的说教——我也喜欢有机羽衣甘蓝，投资了一家有机卫生棉公司，因为我觉得这些可以改变生活，而且我也经常通过 Seamless 软件订餐，订自己想吃的，可能已经跟过去“有什么吃什么”截然相反了。今天，我们有更多的选择，尽管这些选择给了我在莱茵贝克小镇长大时无法想象到的自由，但这也让我们更容易偏离轨道。

公平地说，我拥有很多。在我妹妹出生前，我一直是父母两边家庭的独孙女，受到很多关注。我记忆中也从未缺衣少食，不记得我有想要别人有而我没有的东西。我记得我每一个感到满足和开心的时刻，而且现在我也感到很满足。我觉得即便在很小的年纪，我就已经感觉到生活就是你创造的样子。这一点就好像你相信果酱甜甜圈是世界上最美好的食物，二者是有某种联系的；如果一个 1 美元的果酱甜甜圈就能让你真的感到非常快乐，那么你也很容易渡过很多难关。

如果我父母对我的目标是要成功的话——成为医生、律师或者企业 CEO——我可能就不会是今天这个样子。我也可以肯定地说，要是我高中有一天早上起床后就说："妈，我想清楚了。我以后想成为总统的副幕僚长！而且我觉得等我到了 35 岁就能如愿以偿了。晚饭咱们吃什么？"我的人生道路也不会是这样的。

我不光是第一个担任这一职务的女性，而且是第一个坐上这个办公桌的女性，此前任职过的包括乔治·斯蒂法诺普洛斯（George Stephanopoulos）、拉姆·伊曼纽尔（Rahm Emanuel）、卡尔·罗夫（Karl Rove）、戴维·阿克塞尔罗德（David Axelrod）以及戴维·普劳夫（David Plouffe）。这一点你可能觉得有意义，又或者毫无意义。一个 6 岁孩子在回答"你长大后想干什么？"时会列举出的理想工作中一定没有这个。甚至一个 26 岁老成的年轻人都不会去追求这样的工作。大部分人听说我的头衔都不是很清楚我到底是干什么的。（虽然他们也会略有耳闻，足以让他们惊叹——特别是当你扬起眉、稍微大点声报出你的头衔，再加上点夸张动作的时候。）这样的工作——类似的工作还有很多：工作本身是好的，但却没人教你如何去想要、追求这样的工作——只有带着开放的心态，心甘情愿做自己的事，才有可能找到。

我最大一个优势就是我从小被培养成一个独立的孩子。（小时候有什么问题不懂随时上网谷歌搜索答案，这对我的独立解决问题起到了一定的作用。）我父亲上大学时靠在酒水仓库摆放货物挣学费。我母亲上的是服装学院，到生我的前一天都还在工作，上班存够了钱，买下了我们的第一套房子。我成长过程中听说过关于我奶奶的一个故事就是在二战前有段时间，她曾帮助犹太人逃离德国，然后自己也逃离了德国——她的家乡，带着当时还是婴儿的迪特尔伯伯，孤身穿过了瑞士和英国。她当时带的为数不多值钱的财产就是一点蓝宝石，藏在伯伯的尿布里。这些人都是我独立的好楷模。

还有一件我童年时的小故事，有点老生常谈，但还是可以用作一个比喻：我两三岁的时候，假期我奶奶、妈妈和我去波基普西（Poughkeepsie）的 44 Plaza 购物中心。我们刚把车停好，正从停车场向贺曼店（the Hallmark）走去，我奶奶跟我说："宝贝儿，牵着奶奶的手。"

"不要，奶奶！"我说道，"我要牵着我自己的手！"

她马上拉着我衣服上的帽子，我还是握着我自己的手。

这就像人生，不是吗？我们一开始都是牵着自己的手，其实也知道有人在拉着我们衣服上的帽子。后来在贺曼店因为我牵着自己的那只手老想摸水晶饰品，结果被打了一下——充分证明了有时候独立也会给你惹上麻烦。（之后我再也没在贺曼摸过水晶饰品。）

· · ·

时间流逝，一直到我妹妹"小麋鹿"出生了。"小麋鹿"真名叫劳伦，只不过有个周日的早上，我爸正在测试我中学学的法语词汇，他指着桌上的一杯西柚汁问法语怎么说。我正回答说是"pamplemousse"，劳伦正从楼梯上走下来，回答道："我可不是一头胖麋鹿（plump moose）！"她现在 36 岁了，还是被我们叫作"麋鹿"。

不过，再回到 1980 年，我不太记得我妈妈怀孕的事了。我只记得她分娩的那个晚上：我们把东西打包放进车里，我爸妈开车把我先放到恩兹利夫人家。金米 · 恩兹利（Kimmie Endsley）是我最好的朋友，她的姐姐克里斯滕真的非常酷。我也第一次尝试了一种叫"幸运符"（Lucky Charms）的谷物零食早餐。（在文森特路 19 号，我们只有"麦圈"[Cheerios] 和"卜卜米"[Rice

Krispies] 两个牌子的谷类包装食品。）这就是即将有一个小妹妹的实实在在的好处！

当我妈打电话过来说“麋鹿”出生了，恩兹利夫人问我想不想跟她说说话。我其实并没有想接电话，因为金米和我正玩得开心呢。不过我还是接了电话，知道我有一个妹妹了。

我还听说奶奶和爷爷从新泽西一路开车过来。又一大福利！奶奶给我带了一套茶具作为礼物，祝贺我当姐姐了。我们把茶巾洗了，那是最好的茶具了。

然后“小麋鹿”回家了。虽然我才四岁，但我也知道她很可爱——肥肥的脸颊，肉嘟嘟的腿，圆圆的脑袋。她皮肤是很健康的黑色。这让我很烦恼。她的房间刷成了黄色，这让我更恼火了，因为我的房间就是单调的白色，当时我主观上就觉得很糟。（现在回想起来，她的房间其实是芥末黄，我也不知道我当时为什么那么在意。）我也不想和她出去玩——我喜欢和奶奶在一起，就像你小时候也会黏着某个人一样。我当时非常有占有欲，这问题倒不大，因为我才四岁，虽然我有独立的性格，但我当时还不明白大人们也有自己的生活和喜好，也需要偶尔见见朋友吃个午饭或者散散步（或喝点小酒）。我是大家最喜欢的孩子，觉得也必须要继续做宠儿才行。“小麋鹿”出生还没几天就已经把大家累得够呛！

她出生后没多久，我觉得我的这种态度就表现得很明显了。我记得有一次我站在小板凳上刷牙（小板凳上写着“坐或站，这个小板凳真赞”），我还扎着个马尾辫。我妈妈走近我，轻轻地拉着我的马尾辫，说：“今天开始别再这个态度了。”之后，我就开始思考——我当时才四岁——当姐姐的好处。也许真的有些好处呢？也许这个孩子就是那个纯粹因血缘驱使、本能地总觉得我是更酷、更聪明的人呢？

嗯，事实并非如此。结果“小麋鹿”长得比我高，比我瘦，而且还是一个很棒的舞者，经常获奖。她还有点好强。她生气的时候，会推着学步车从大厅那儿踉踉跄跄走过来，咬我的床。她小时候还喜欢吃盆栽里的土，拿着一小瓶（没开瓶的）波本威士忌到处走。她名声大噪的那次是在“自由平原”幼儿园（Freedom Plains Nursery School），骑上一辆小三轮脚踏车对着另外一个孩子堆的城堡开了过去。一般人绝对不敢惹她生气——她会跟你冷战到底的。

（现在，“小麋鹿”和我几乎每天都交流。她能从我的短信标点上看出我是不是不开心，然后马上给我推荐一些美甲店或者“奶昔小站”的甜品来让我开心。她结婚的时候，我花了两周的时间，自制了格兰诺拉麦片卷和百里香烤杏仁，作为宾客的伴手礼。）

· · ·

所有家里最年长的孩子都可以证明，作为家里最年长的孩子，做什么事往往都是第一个尝试的，很大程度上就像是弟弟妹妹前进道路上的开路人。我上幼儿园的第一天，觉得一切都那么神奇，大开眼界。就是从上幼儿园开始我才发现，除了偶尔奖励的“好孩子”甜点蛋糕外，我平时在家吃得真是太健康了。外面的世界有太多振奋人心的美食。

我很喜欢上学，也很爱阅读。我的阅读水平已经远远超过了同年级的水平，不过我妈妈从来不会审核我看的书。我喜欢朱迪·布鲁姆(Judy Blume)，我读《上帝，你在听吗？是我，玛格丽特》（*Are You There God It's Me, Margaret*，20 世纪 70 年代早期的那版[①]）时还很小，那个时候大家都还在解释说大号卫生棉是有腰带的。过去卫生棉是别在绕在身上的腰带上的，很奇怪的样子，这是我从书中了解到的。结果等我到生理期的时候，我就非常困惑了，腰带都在哪里呢？

大概一年级的时候，我想加入“女童子军”，于是我就先成了一名幼年女童子军。这可能是我第一次发现，我人生中某件事会一次次地让我失望，即亦步亦趋：因为大家都这么做，所以我也想尝试一下。

20 世纪 80 年代早期，从“幼年女童子军”晋升到“女童子军”可不仅仅是你年龄足够就行——你还得能卖出去足够多的饼干。等到卖饼干的时候，我妈明确地跟我说，除了跟我买家里本来就需要买的几种饼干——薄荷饼、萨摩亚饼和塔格隆饼外，她不会动一根手指，也不会帮我去兜售饼干。不像我们的舞蹈老师——姑且先叫她巴布，她会拿着她女儿的订购单摆在门口，让家长填。等饼干做好可以分派了，巴布的舞蹈室就变成了“女童子军好市多超市”——Do-Si-Do 饼干满天飞。（当时人们对花生过敏的意识没有现在强[②]。）

但是，我只能靠自己。在我所有的天赋中，销售绝对不是其中之一。即

---

① 20 世纪 70 年代早期出版的《上帝，你在听吗？是我，玛格丽特》一书里有对把卫生棉用别针挂在腰带上的描述，因为这种卫生棉时代久远，现代读者对此也不了解，后来作者在 20 世纪 90 年代再版此书时，把这几段内容修改成现代读者能理解或能共鸣的内容。——译者注

② 有些饼干，如 do-si-do 是夹有花生酱的。——译者注

使是现在，我也做不好筹资工作或者求人什么事。饼干又不是我做的，那我为什么要在意到底有没有卖掉呢？

我爸妈给我准备了一个对讲机，把我送到了文森特路，叫卖薄荷饼的广告词在我脑海里不停萦绕着——“薄荷饼放进冰箱里可以保存好几个月！”感觉好像我不是一个五岁的孩子，而是一个带着两个孩子的背负生活重压的妈妈，想要把储存饼干的程序流水化。我卖得不好，可以说很不擅长销售。我们住的附近有很多“女童子军”，竞争变得很激烈，但这真的也不是我的问题。不对，我的方法其实也有问题：我大部分情况是光站在人家门口，没有按下门铃。

我最终还是没能加入“女童子军”。我那一队其他姑娘们都卖得很好，堪称典范，等要向她们祝贺时，我也是收获到了和别人不太一样的“奖励”。

这次经历虽然让五岁的我也流了一两滴泪，但还是很有收获的：这教会我，失败不会毁掉我的人生，我的人生还会继续。（当然，后来我妈还是买了几盒，也算是帮了一个忙，后来这些饼干我都吃了，当作给自己安慰。）而且我即使失败也是一路依靠自己。我并不觉得巴布的女儿是天才——是她妈妈帮她完成了所有的任务！而且就在这么小的年纪，我就明白了，我不是、也永远都不会做销售员。这就在未来可能性的清单上轻松地画掉了一项。

· · ·

多年来，我父母就经常让我依靠自己。我觉得他们一直都只希望我和我妹妹长大能成为好人——不在意我们有多成功，多优秀或者多富有。比如不管哪个年代，很多女孩都要上舞蹈课，精心（或者说出于父母压力）挑选各种课外学习班。我学了 12 年的踢踏舞、芭蕾和爵士舞，在天赋条件上缺失的，我都用热情来弥补。在我们每次汇报演出时我都是站在舞台两边跳，但我总给自己找理由说是因为我的身高。我认为只要我付出了汗水，我就是成功的。

但“小麋鹿”就厉害了。她是一个非常棒的舞者。等我长大一些，我意识到（部分是因为我能看到一个活生生的例子，有些人确实非常适合跳舞，不像我），我每周花了无数个小时在我并不擅长的事上，而且我也并没有那么享受整个过程。这其实让我很难过，我也从来没有过独舞的机会。

我 16 岁的时候终于和我妈说我想放弃跳舞了，虽然说现在许多人接受的教育就是绝不能轻言放弃，但我妈并没有被我气疯。她没有丧失理智或者斥责我在大学申请书上写了那么多课外活动，或者劝说我已经跳了那么多年了，应该继续坚持下去。相反，她说没关系，只要你做的决定是负责任的，放弃一件对你无益的事——不管是所谓的“大家都参加的”舞蹈课还是你根本不感兴趣的、吞噬你灵魂的工作，也许能改变你的人生。

在我结束舞蹈学习后，我并没有无所事事，吃着太妃糖、开着车在莱茵贝克的高速公路或者小马路上晃荡。我在学校乐队吹笛子，上了法语课，每周六晚上还给街上一个家庭当临时保姆照看孩子，还在他们家的海葵花谷仓里劳作过。每周日我会用湿的纸巾和报纸将花包好，这样游客可以带着这些花长途旅行回到市区。这可不是那些为了办小演唱会造的那种谷仓房——而是实实在在的谷仓，有电动工具和还有一个谷仓用的小取暖器。我的好朋友卡拉每周末都会来谷仓看我，给我带汤、甜甜圈或者百吉饼。我很喜欢那个地方。

我还在位于我们小镇中心的基尔默 IGA 超市里当过收银员。任何在凯马特超市、沃尔玛或者当地杂货店工作过的人可能都不相信，但我确实很喜欢在那里工作。毫无疑问，有时候比起在超市收银，你会更想和朋友出去逛；但因为我很擅长打包商品，所以我挣的钱够我买费西合唱团、神街酒乐队和感恩而死乐队的票。我也买得起水晶饰品（当时有这些饰品也是很神气的）和 Winter Sun 的连衣裙。

我还从那里了解了各种各样的人：他们都买些什么，哪些人用优惠券，哪些人不用，谁会帮着你一起装袋，哪些人就只是站着等你装好，哪些人会盯着你扫描每一件货品，质问价格。

我们超市是当地仅有的几家接受粮票的商店，这让我在成长过程有更多的视角。你会看到一个女人带着孩子或者老人过来看看粮票能兑换哪些食物。拿着粮票排队时或者把拿错不能兑换的食物放回货架上时，要承受的难堪，这从此就让我明白了我们该如何帮助那些需要帮助的人：以尊重的态度给予人道主义关怀。可能这对你来说是理所当然，但遗憾的是还有很多人并不这么认为。

多年后，我们在白宫讨论了粮票的问题。我的工作重点并非制定政策，只是安排、协调和规划日程，与时间、日期和人打交道而已。但我也经常会旁听政策讨论会，这样能明白我们的工作重点是什么，我的团队每天有上百个选择要做，在他们做决定时，我能根据我对政策的理解和判断做出决策，从而更充分地安排好总统的时间。这次的讨论是延续之前奥巴马和另外一个人的谈话，他经常会在和某一个人的会谈之后召集高层官员再讨论相关问题。

由于经济衰退，奥巴马上任初期，还有很多人仍依靠粮票生活。在他任期内，靠粮票过日子的人数有所下降，但我们开会并不只是讨论眼前的问题，因为如果你只关注解决眼下正发生的问题，那你就无法为未来的突发事件做好准备。关于粮票的会议是在罗斯福厅召开，但这次我没坐在会议桌旁，而是挨着墙根坐着。白宫西翼办公楼的座位出乎意料地有限——椅子都很大，而且能在会议桌周围摆下的也不多，很多椅子都是有历史或其他意义的，因此会议邀请的人往往也有限，一定是要有足够的身份才能进入这个会议室开会。

从我进入政界开始，我就有一个对自我的准则：在自己的范围内活动，不过多评论自己非专业领域的东西。但是这次，我没办法接受这群从常春藤毕业的人高高在上的决断；他们在讨论粮票可用于哪些东西、不能用于哪些东西，我能判断出他们中没有一个人认识那些需要粮票的人。于是我举手了（我觉得我应该是当时唯一一个发言前还举手的人），告诉他们我的经历：看着人们羞愧地排着队购买普通麦片、罐装汤、牛奶；看着他们发现哪些食品是他们手里的粮票无法兑换时的表情；看着他们发现粮票居然覆盖运动饮料，而不覆盖像“阳光心情（Sunny Delight）”这类饮料（事实上，这种软饮料比橙汁要便宜得多，而且还含有维生素，但他们又没有办法只能接受）是一种什么样的感觉。

我可以感觉到发言时自己的脸滚烫。我一直觉得在发表言论的时候，尤其是在白宫这样的地方，理论上发言内容应该是基于事实、数据和其他证据，如果你外在表现得过于激动，很用力地在阐述，那你就要输了。如果你的脸涨得通红，难道不是情绪过于外露的表现吗？我不知道，不过我的观点都表达了出来。虽然我并不指望这次对话能立马解决问题或改变状况，但奥巴马总统还是明确表达了支持我的观点。

· · ·

我在高中时做过的那些工作——尽管当时我也有过宁愿在家看《新飞越比弗利》的时候，但我从所有这些经历中都获得了满足感，回忆起来也很愉快——其中最好的就是这些经历教会我，当我的事业似乎一片灰暗或者感觉人生完全偏离了轨道时，我该如何积极地看待：如果说我擅长的事不多的话，我知道我至少擅长这件事。你可能觉得这听起来有点压抑，但这么多年来，这样的想法也给了我很多安慰。没有什么比能养活自己、自己给自己想要的东西更能给你独立的感觉，因为你清楚如果哪天你真的很讨厌某份工作——可能在你人生中不同时期你都会一直讨厌工作，你也可以离开，没关系的。

等到了申请大学的时候，我也经历过这样一些时刻，需要提醒自己记得，不管怎么说，至少我是很擅长打包商品的。如果我没能进入哈佛大学（甚至没有选择申请哈佛），那我最后也肯定会进入我命中注定的大学。

那段时间是 1992–1994 年；没有邮件，没有网络。我们开车去了 Barnes & Noble 书店，买了一本美国综合性大学排名指导书。卡拉和我花了很长时间做标记，讨论我们想去哪所大学。我画出那些想去的大学的地址，在我高三前的那个暑假，就直接给他们写信问申请的事。

我们一家人挑了几所大学去看了看——乔治敦大学（Georgetown）、伯克利、斯坦福、加州大学圣克鲁兹分校（UC Santa Cruz）。最后这些学校我并没有全部申请，但我申请的大学——佛蒙特大学、威斯康星大学、康奈尔大学、布朗大学、乔治敦大学、纽约州立大学奥尔巴尼分校和费尔菲尔德大学，都是我自己完成申请的。我自己完成了小论文，也没人帮我审校，我准备了 SAT[1] 考试，成绩还不错（特别是阅读单项部分）。我妈妈帮我填了几张申请费的支票和免责条款：是我妈妈的支票。

如果你没看过《七个毕业生》（*St. Elmo's Fire*），你可能无法完全理解我当时的想法，但我真的很想去乔治敦大学。那部电影讲述的是几个朋友从乔治敦大学毕业后一年里的故事，他们想寻找自己在这个世界的位置。出于某种理由，尽管我当时并没有真的考虑要进入政界，但我真的想成为影片中的亚历克，他是一个 22 岁的傲慢的年轻人，在一个国会竞选团队工作，背叛了和他同居的女朋友艾丽·史蒂（Ally Sheedy），他真的配不上他的女朋友。这些角色说是楷模也很奇怪：酗酒，有几个人还吸食可卡因，挥霍金钱。但这些人物又很有魅力、有趣，最后也都成功了。我把这些都归功于他们上过乔治敦大学。所以我觉得如果我能进入乔治敦大学，我也能获得这样一群“当红小生”的能量了。

我在班里排名前 20%（总共 76 名学生，我排第 11 位），不乏自信，哪所大学会不想录取我呢？

结果，我在四月的同一天收到了所有的拒绝信。在此之前我们第二次去了乔治敦，我还在买了一张贴在车上的乔治敦大学标志，因为我确信我会被录取。回来之后，我到家了才发现收银员忘了把那个标志放进我的袋子里了。后来，等我拆开我爸拿回来的乔治敦大学的回信时（同时还有其他学校的），我们就意识到那可能是个预兆。（往往像这样的预兆只有事后回想起来才会发现是这样的。）

---

① SAT：美国大学录取标准化测试，其成绩是世界各国高中生申请美国大学入学资格及奖学金的重要参考。——译者注

最后，我只能在佛蒙特大学和威斯康星大学麦迪逊分校中选择。我来自一个小镇，担心自己在麦迪逊这样的大城市不能如鱼得水，所以我很愉快、很自豪地成为 1994 级的一只新加入的“大山猫”①。等我递交了宿舍、用餐等所有事项的申请表格后，这一切让我感觉全新的生活就要开始了；而之前我从来都没来过这个校园。

有时我确实也不计后果，未思先行，有时候结果还不错，有时就……也许结果还是可以更好一点的。

如果说高中我还有点自我认知的话，那大学我就丧失了。我有生以来第一次意识到钱很重要，而如何花钱更重要。因为我家人很重视对车的充分利用——我当时觉得福特金牛旅行车是最好的，因为这车很耐用，以至于我不知道自己到底是个什么样的身份。在我成长的小镇，你不知道谁家有钱谁家没钱。最有钱的人可能是马医家，他们开的都是破旧的雪佛兰萨博班（Suburban）和吉普瓦格尼（Wagoneer）。我也不太记得看见谁化过妆，更别说为遮青春痘化的淡妆了。我穿的衣服都是 Gap 或者马歇尔（Marshalls）品牌折扣店的；发型从蘑菇型锅盖头到艾迪 · 维达（Eddie Vedder）的蓬蓬头。（想一想：如果他的头发再短点，发型层次就会跟《老友记》瑞秋第一季的发型有点像了。）

情况还不算太坏。我和我的室友艾米成了好朋友，而且我们那一层还经常一起组织琼尼 · 米歇尔（Joni Mitchell）和蓝色少女乐队的听歌会，一起讨论“烦心的事”。20 世纪 90 年代中期，我们说的“烦心的事”可以用来表

① “佛蒙特大山猫（the Vermont Catamounts）”是佛蒙特大学校际运动会运动员代表队的称号，美国人也常喜欢用大学生运动代表队（比如球队）的名称作为学校的别称。——译者注

示很多情况：遇到奇怪的人，抽大烟，第一次失眠，想不明白为什么《心理学入门》课上一个男孩没有坐在你旁边。现在回想起来，这一切真的很有趣。

我上的课程也帮助我拓展了一些新的领域。我主修法语，一时兴起又修了日语，结果日语也很好。有一个学期我还选了农村社会学，课上探讨了佛蒙特州“东北王国”[①]的贫困问题，后来我在等奥巴马在艾奥瓦州的活动开始前和奥普拉[②]闲聊时就用到了这个课上学到的东西。

大二开学后不久，我开始意识到法语专业可能无法让我走向我想要的方向。佛蒙特州是一个政治氛围很浓烈的州——人们也总是想什么就说什么。他们会表达自己不一样的观点，却不会招人厌，会和平地进行讨论，不会引发吵架斗殴。州政府和地方官员也经常来校园；霍华德·迪安（Howard Dean）州长曾来我们学校鼓励我们注册投票；我还跳上过一个令人唾骂的共和党议员的车。我发现自己不管在校内还是校外，总不断地受到政治的吸引。那年冬天，我决定在伯尼·桑德斯（Bernie Sanders）议员团队申请一个暑假实习工作。

春假快到时，我发现法语系的预算在减少，可能都没法再作为一个专业来设置课程了。我认为这也是一个预兆，于是我又重新申请了威斯康星大学麦迪逊分校，想大三的时候转学过去，申请通过了。几周后，我也拿到了伯尼·桑德斯（Bernie Sanders）团队的实习 offer，从 5 月份到 8 月份在他柏林顿国会办公室上班。

---

① “东北王国”指的是佛蒙特州东北角的埃塞克斯、奥尔良、喀里多尼亚三个郡的区域，这片区域较为边远，多为高地，西面环山；是美国境内一片相对孤独、野性的自然之地，社区也较为分散。——译者注

② 美国知名脱口秀主持人。——译者注

这份实习没有薪酬，不过好在我能和在柏林顿的几个朋友一起住，她们住在南大街一家酒类专卖店后面的一个公寓里。我睡在一张日式沙发床上，早上起来不止一次发现我晚上睡觉时压死的蜘蛛。

但这都没关系：之前我从来没有比这更刺激的经历。那一年是选举年，所以伯尼也经常出现在办公室，而且经常见选民，比我认识的所有政客都要频繁。我每天的工作很忙，但我很喜欢。接电话，记下选民们留下的信息，传真新闻剪报、存档；晚上给佛蒙特州各地的人打电话号召募捐。我并不是超级成功，但有一点还是做得很不错，就是提醒大家去注册投票并告知他们伯尼在佛蒙特州各地的活动。

有时，我也会给伯尼开车。他现在还是当年的老样子——头发凌乱，不修边幅，领带打得有点松，说话总是简单粗暴但也还算公正。他在车上经常看报，即使我们经常会把车窗放下（因为车里从来不开空调），他也只一心看报纸。有时他会问问我家人的情况，我从哪里来，跟我分析分析时事。我曾尝试用我和朋友跳上纽特·金里奇的车的故事给他留下个深刻印象，结果伯尼不为所动，他的态度就像是说："好吧，你还做过什么？"

我在遇到伯尼前，一直觉得政治就是戏剧，就是表演，不会有什么真正的作为，也解决不了什么问题。但伯尼关注的并不是许多人期待政客推行的大规模改革，相反，他让我看到了他是如何看待那些他能马上解决或者能影响到的一些问题。他手下的人看上去也都非常用心地帮助他的选民们，这在其他议员那里不一定都是这样；其他政客手下的人都是想在职场往上爬的人，从一个议员的团队跳槽到另一个议员的团队，不断往上爬，最终的目标是要成为立法主任或幕僚长。（当然，有些政客的幕僚还想自己竞选，但多数情况下，在白宫的野心无非就是有权势，不进入国会你同样也可以很有权势。）伯尼太专注于自己的事情了，对自己关心的问题和佛蒙特州太尽心尽力了，这样看来政治也没那么丑恶了。在我准备转学去麦迪逊前，我把专业换成了政治学。

在我实习期快结束的一天，发生了两件重要的事。第一件事我看到一个区号为608（麦迪逊的区号）打来的电话找伯尼。伯尼那天要晚点才能接电话，所以我跟打来电话的人埃德·加维（Ed Garvey）说他可能得等几分钟。

同时，我也问了一些问题。我经常会尽量了解来办公室来访者的情况，特别是那些来见伯尼或者给伯尼打电话的人；我想知道这些人凭什么能让伯尼拿出重要的时间和精力来接待他们。我会搜集出所有我能搜集到的信息。

所以当我接到埃德的电话，而他又不得不在电话那头等待的时候，我就看到了我的机会。我知道埃德是一个非常重要的劳工律师，他曾组建了美国橄榄球联盟球员协会（NFL Players Association）工会，是麦迪逊的一名进步领袖。我跟他说我一个月后要转学去麦迪逊，他回答说等我到了学校一定要去见他。后来我在麦迪逊待的那两年里真的去他那里工作了。

· · ·

那天另一件重要的事是伯尼的团队邀请我在下一年暑假去他们在华盛顿的办公室实习。我不知道办公室里是否有人能理解这对于我来说意味着什么。我感觉自己就像是“神奇女侠”。我都准备好大干一场了。我先打包好行李回了趟莱茵贝克镇，待了一两周，然后开车去了麦迪逊。

我那一年挣的钱全存了起来——包括给埃德·加维工作，每周给麦迪逊郊区一个家庭照看几次小孩和我 21 岁生日收到的，全都是为我在华盛顿的实习做准备。我和莱茵贝克镇的一个朋友香依一起住在特雷镇区（Tenleytown），她当时要去美利坚大学的法学院上学。我开车去地铁站，把车停好，然后坐地铁到国会大厦南站。我正好每周有五套衣服换洗，每天做番茄美乃滋三明治，然后打包一些椒盐脆饼干当零食。

我走进伯尼的办公室，准备好进入拥挤忙碌的状态，但这里的氛围却大不一样。这里的实习生竞争有点激烈，而我是那种宁愿在一个鼓队里敲一天的鼓，也不愿意竞争的人。我经历了一次小小的自信危机。但我又想起我比这些人要更了解佛蒙特州一百倍，就又感觉好了一点。

我每天都很忙，在国会各大厅间穿梭，也表现得很职业：法案或修订案找人签字，为某件事跑去其他办公室，协助撰写给选民的信，等等。如果当时就有《律政俏佳人》这部电影，我可能会把自己想象成艾丽 · 伍兹（Elle Woods）遇上了组建了工会的诺玛 · 蕾（Norma Rae）。这次实习结束时，我基本上花光了所有的钱。我坚信毕业后的那个暑假我会再回来，从这里开始我的职业生涯，成为一名谦逊而认真的政府工作人员。我和伯尼的互动并不多，但这并不重要：因为为他工作已经让我很清楚地看到我是一个什么样的人，未来我想做什么。

第四章

自知，向前走总比停在原地好

SMILE

在麦迪逊的大三期末时，我知道要开始着手规划毕业和我为自己构想的在华盛顿的新生活了。于是，我去了趟学校的就业办公室，咨询了如何申请工作。我写了求职信，附上了我一个22岁毕业生的简历，包括我当服务员、临时保姆和基尔默超市收银员的经历。我很自信，而且我工作也很努力，很骄傲我为伯尼所做的工作，所以我很确信一定能去政府工作。我申请的工作包括为国会的每位议员接听来自纽约州、威斯康星州和佛蒙特州的电话的接线员；民主党全国委员会（Democratic National Committee）、民主党参议员竞选委员会（Democratic Senatorial Campaign Committee）的工作。我并没有对权势的妄想，只是觉得如果能在这些地方工作会很高兴。

没有人给我回电话，也没人给我回信。我给伯尼办公室的一些朋友打电话，他们委婉地告诉我他们没有基层岗位需要招人。

我们在麦迪逊租的房子8月中旬就要到期了。我到底该怎么办？

人们一般认为年轻人没有清晰的自知之明，没错，我也不例外。遗憾的是，虽然我们认识到了这点，但我们暂时还没太多时间去自我认识。要渡过我接下来要讲述的迷茫期的唯一方式就是问自己一些问题，然后慢慢寻找答案：我是谁？我想要什么？我擅长什么？我不擅长什么？我的发型分这么多层真的好看吗？我在乎吗？

我爸爸用一种间接的方式鼓励我，告诉我他从纽约大学毕业后的经历。他当时获得了哈特福特的一个工作机会，但他真的很想在IBM全职工作。他一直等IBM的通知，但心里清楚可能他只能去哈特福特了。

国会山就是我的IBM。我当时想，爸爸是不是在建议我去我的“哈特福特”呢？

是的。（虽然他自己最后其实并不用去哈特福特。）

在房租到期前，我从麦迪逊飞回了莱茵贝克镇，然后坐火车去曼哈顿见了几个猎头。

猎头很严厉。他们的工作就是要让你找到工作，所以他们要做的首要工作绝不是跟你说你有多优秀；他们要让你不管找到什么样的工作，都对他们心存感激。他们帮我找到的就是撒切尔 · 普罗菲特 & 伍德律师事务所的律师助理这一岗位，工资是 26000 美元，可提供加班费。我当时并不知道这意味着什么。

我回到麦迪逊，接受了我不能去（可能永远都去不了）国会工作的现实，但我要成为一个优秀的律师助理，即使当时我也不知道这意味着什么。我妈带我去逛街，我买了一件“香蕉共和国”（Banana Republic）的棕色仿麂皮绒套装，尽管当时室外有将近 30 摄氏度，我上班第一天还是穿了这套衣服。

我和沃尔佩斯、非常酷的卡拉 · 奥利里（柯罗亚）一起接受了培训。一个叫艾玛的女士给我们介绍了 Redwelds 文件袋(一种带绑绳的风琴包文件袋）的所有事宜，为什么我们一直要准备足量的金属折叠文件夹（可以将已经完成的文件有序地摆放整齐），如何按照《统一商法典》（*Uniform Commercial Code*, UCC）进行文件归档。UCC 是规定美国商业交易的一部法典；1998 年，在亚利桑那州、新泽西州、马萨诸塞州，UCC 还是用打字机打出来的复本（真的是用复写纸复写出来的），其中很多还是我打的。接下来这条建议可能在几年前更适用，但我还是想说：永远别吹嘘你的打字能力，这从来不是促成你成功的因素。

虽然我没能在国会的各办公室中来回穿梭忙碌，但至少我在世贸中心上班，帮助律师们完成上百万美元的交易。也是很有意义的事，不是吗？

大约一年以后，律师助理外流。沃尔佩斯去了法学院，柯罗亚搬去了水牛城和她男朋友住（现在是她的丈夫了）。因为我经常去金融区的酒吧里逛，周围有很多金融人士，所以我决定辞职去美林证券（Merrill Lynch）。

“等一下，”你会说，“你说什么？！”搞不懂我在说什么。我的朋友们都走了，我也得走。在去美林证券前几个月，我经历了艰辛的面试流程，成为雷曼兄弟国际金融模拟交易部的一名助理，结果以痛苦告终，决定绝对不要继续干这个活了。但是从事金融行业看上去像是“成功”人士会做的，我们那一票人中每个人都在尝试新的事物，所以我决定再去金融行业尝试一次。（如果你好奇的话，Investopedia 网站上给出的“模拟交易”是“不使用任何实际金钱的情况下，利用模拟交易来实践购买与出售证券”。这让投资者可以练习交易。我很了解模拟交易，是因为要给大家解释这个词，特意查了一下，当初面试的时候还没有现在了解得多。）

猎头给我找到了美林证券的面试，美林证券位于世贸中心对面的世界金融中心。我不太记得面试的过程了，只记得当时给我的是一份年薪 35000 美金的橡胶部总经理助理的工作，我觉得可能这个部门是分析全球橡胶销量和成本的。薪水确实让我很意外，因为我在之前的律所的基本工资是 26000 美元，再加上加班费，一年大概是 42000 美元。那我为什么要在意这份才 35000 美元的工作呢？我疯狂工作才挣得 42000 美元，而这份工作又不算加班费，也就是说我不管工作多少个小时，都只能拿到 35000。

面试中，我没有问问题。他们一直说我是来“支援”的，他们还问过我每分钟能打多少字，但我没想过这个问题。我既然决意要在金融界工作，那么时机到来之时，我就会做任何需要做的事情。

上班第一天，人力的一位女士把我带到我的办公桌，我看到有几张办公桌在办公室的外面，跟《广告狂人》（*Mad Men*）剧里有点像，我的办公桌就是其中一张。没人想要自己的办公环境跟《广告狂人》里的一样。跟《广告狂人》一样，这里所有这些办公桌都是女性在办公。所以一条非常简单但实用的建议：永远记得要求先看一下你的工位。

我心跳开始加速。我接受这份工作时，就觉得我会是这个橡胶团队里资历最浅的人。我没有想到，但我的安全通行证上明明白白写着，我是要做整个团队的秘书。

我跟自己说既来之则安之吧。我坐下来，开始设置语音留言箱、电脑密码。我试图关注别人和我说什么，但事实上我并没怎么留意。

我知道我如果继续待下去，会后悔的，但我的银行卡里只有大概65美元，根本没什么存款。说实话，我也不知道为什么没钱了。我并没有和朋友去外面吃太多次，或者买什么花俏的东西；打车去曼哈顿上东区对我来说都是奢侈。但在纽约，一出门就意味着至少要花10美元。（如今可能都要25美元了。）

我给我爸妈打电话，告诉他们我被坑了——好吧，可能是我自己的问题，但我并没有跟他们说，得辞职才行。我说我可能需要一点钱，然后他们说如果我需要钱的话可以问他们要，但我并不想走到那一步。

我上班第一周结束后，我就给我上司的办公电话留了条语音信息辞职了（你可别这么做），然后再也没回过那里。

但是纽约正值地狱烈火般灼烤的夏天，而我们公寓里还没有空调。因为我整天都坐在公寓里无所事事，很快就受不了了，从我卡里拿出30美元买了个摇头风扇。我刚买了风扇不到 24 小时，我室友就决定在我们 7 平米左右的客厅兼厨房里做饭，风扇只能放到热风炉上了。结果风扇熔了，变成了一个弯风扇，也不摇头了。

每天早上，我会出门去拿报纸或杂志——《村声》（*Village Voice*）、《每日新闻》（*Daily News*）、《邮报》（*Post*）、《纽约时报》（*New York Times*），看看上面的招聘启事，我通常会在一家咖啡馆翻阅这些报纸，我和卡拉把这家咖啡馆叫作“可疑咖啡馆”——就像今天我们可能会把一些咖啡馆称为“素描咖啡”。我们这么做其实有点过分了，毕竟当时那里一个叫亚当的店员在注意到我不像往常一样 7 点来，而是 9 点 30 才来时，问了我的情况。我跟他说因为我现在失业了，于是他免费送了我一些放了一天的玉米松饼。

我接过免费的玉米松饼，去了很多地方面试。三菱东京银行（我大学辅修了日语专业）、一家法国的煤矿公司，还有一家和橡胶有关的公司。最后我给一家位于哈德逊街的互联网创业企业 SenseNet 的 CEO 当助理。我对互联网、风险投资或者说我当时做的任何工作都没有兴趣，但同事都很好，我可以穿任何衣服上班，而且从我住的公寓步行即可到达。有时，能做一段时间就够了。尽管我挣钱不多，但我也经常勤于节省个十块、二十块的。我也不想再过买不起玉米松饼的日子。

简短插入：如何负责任地对待金钱

考虑个人财务问题本来就不是件有意思的事，这也是为什么这么多人不能管控好自己的财务。遗憾的是，财务管理从来都是无趣的！但为了过上想要的生活，你的裤兜里总得有所准备。我辞去美林证券橡胶部门秘书的工作时，裤兜里是一分钱都没有。

首先，信用评分很重要，一定要随时关注。（我觉得长期以来很多人一直有一个误解：查看信用评分会降低评分，其实不会。）我会给那些想要在竞选团队或者初创公司工作的人特别标注出这一点，因为这些地方往往对这个问题比较“放松”。

比如：2003 年我还在克里的竞选团队时，我负责处理和我们包机的航空公司的关系。竞选团队里一个上级跟我说我会拥有我自己的信用卡。很棒，对吗？不。那是一次灾难的回忆，那是用我的社会安全号码[①]办理的信用卡。这张信用卡大概有 150000 美元的额度可以在任何时候用于包机费。2003 年年底，我们要公布竞选银行账号里的余额，想证明我们还有很多现钱可以用——每个季度末会公开这些数据，证明竞选可以继续走下去，所以我们就两个月没有支付包机费，把钱留在竞选账户里。这就意味着，至少有 60 天，我的信用卡是负债 500000 美元左右。

这可完全毁了我的个人信用，而我却是在几个月之后才发现，当时我弄

---

① 美国的社会安全号码是发给其公民、永久居民、临时（工作）居民的一组九位数字号码，原本是用来追踪个人赋税的情况，现基本上已成为其国民个人身份辨识的号码，可用于纳税和其他用途。职工、病人、学生和信用记录有时也是通过社会安全号码收录。——译者注

坏了我爸给我的丰田花冠，想要重新换一辆车，结果5000美元的车贷被银行拒绝了。我每天上班需要起早贪黑，车是必需品，不是奢侈品。我从来没想过他们会用我的社会安全号码去办这张信用卡——早知道是这样，我就该用生命来捍卫我的社会安全号码。

第二，储蓄。我相信你应该也读过一些文章说要有一个“滚蛋”银行账号，这个账号是用来存一些钱，万一哪天你需要立刻用上这些钱跟某个人或某件事——男朋友、女朋友、糟糕的工作或讨厌的房东说“滚蛋！”你存的钱越多，在做决定的时候拥有的心理空间就越大，你也就越有安全感。我每周有几个下班后的晚上以及周六会去做临时保姆照看孩子，直到我的日程安排越来越多，让我没法继续兼职下去——我在波士顿克里团队工作时以及我刚到华盛顿头几年都是这个状态。在那个“失业的夏天”结束后，我发誓无论如何，一定要存钱——虽然我找的工作一直薪水都不高，直到几年前才有所改观。

在那次买车失败后，我特别勤于在克里竞选团队存钱。（我把我存的1500美元用来买了一台1988年的萨博车，当时是2004年初。）在竞选团队工作从工作稳定性和工资的角度说，都是有很大风险的——要想保住你的工作，首先必须是你的候选人还活着并有赢的机会。（这一点在今天尤其如此：社交媒体和新闻24小时不间断滚动传播，根本不需要费多大的功夫就能让一个人败选。）到克里竞选败北时，我银行账号里有3000美元的储蓄，足以支付三个月的房租和其他花销（比如金宝汤[Campbell' s Soup]， PB&J花生果酱三明治以及吃得好点：麦当劳）。当我和朋友特丽开车去安那卡那斯提亚(Anacostia)登记失业时，发现办公室里排了一队克里竞选团队的人。我后来没有登记，我觉得特丽也没有。我们相信自己能在把钱花光之前再找到工作稳定下来。

好在我们俩都如愿以偿了——特丽开始去参议员玛丽亚·坎特韦尔（Maria Cantwell）那里供职，我一个月左右之后也开始去为奥巴马议员工作。但与此同时，我再也没有去外面买过咖啡，做过美甲，去超市也都是拿着优惠券。就像我说的，控制财务一点意思都没有。

· · ·

我真的很喜欢纽约，即使在这里很难真正成功。我周六早晨通常会很早走路去中央公园。我们发掘出了几个奇怪的小酒吧（只有在事先喝了几杯便宜的小酒和 Crystal Light 饮料微醉后才去，这样可以确保我们外出只能再买一杯喝的了），在偶尔想奢侈一回或者拿到工资时就去 Milady' s（很遗憾，这家店现在已经没有了）吃点肉汁薯条。否则的话，我们一般都是从汤普森街的 M&O’s 市场买很多火鸡三明治或者百味来饼干加点金枪鱼蘸芥末。我最喜欢的一段回忆是我和卡拉上班时溜出来去 The Cub Room（现在也不在了）吃东西。我们大白天就喝鸡尾酒，当时对我来说很刺激；因为我觉得大白天喝酒是到几年前才开始流行起来的。

但问题是：在 SenseNet 工作的我并不是完全的自我，这让我有点沮丧；我开始觉得没有什么是真正的自我。我以良好的工作态度完成我该做的工作（整理文件、收发传真、接电话、学习“互联网”、预约、订午餐），但这完全激励不到我。几个月后我辞职了，又过了几个月，这家公司被另一家公司收购了，结果大家都变得有钱了起来。后来我在苏富比（Sotheby’ s）找到了工作。

“等等，”你可能又不解了，“什么？！”为什么不呢？我去了国际房地产部门做客户关系。薪酬还可以，上班着装至少是比较放松的，而且也让我去了纽约的另一个区域——上东区。

到此时，重新振作和适应已成为我能力的一部分了。我很快在苏富比交了几个靠谱的朋友。我的上司叫汤姆，他真的是很有热情的一个人，而且非常热爱他的工作。我无法理解一个人怎么会对房地产有这么大的热情，但他就是这样。而且我不但没有嘲笑他对这种奢侈品的热爱，还追随了他的这种热忱。我学到了很多关于住宅楼、不动产、别墅和“重要住宅”之间的区别；住宅最好是向阳（但必须要注意不要过于朝南）；“有历史”往往是“钱坑”的代名词。汤姆在和客户分析讨论他们的选择时，我都认真地听着。现在，18 年后，我就曾用过那些令人似是而非的话和评估给很多持怀疑态度的男人留下深刻印象。

我在那家公司待了几个月，就很了解房地产行业了。我喜欢做一些小册子，和客户聊天。我也有一些最喜欢的房子。这份工作确实很有趣。

但在那几个月前，我去波士顿找沃尔佩斯时，在电视上看到约翰 · 克里在做一个演讲：《如果……会怎样》。这个演讲并没有特别出彩的地方，只是我已经很久没有看过一场政治演讲了，忘了听到某人谈及可能性与改变，听到雄心勃勃的演讲时自己会有多激动了。这么久以来我第一次感觉这么自我。

2000 年冬，我给克里的实习生协调员写了封信。我所谓的“信”，其实更像是一个请求。我说我知道自己注定是应该在政府工作的，为实现这一点，我愿意做任何事。我还说尽管我已经大学毕业几年了，但我也还是愿意做实习生，绝不是在说大话。我之前在伯尼团队的实习比我当时做过的大部分工作都要让我更有满足感，而且我做那份实习时还能兼职几份工作，得以挣足房租和日常花销——我还可以这么做。我相信只要我能够踏进那个办公室的门，我最后一定会把实习变成正式工作。

大概两三周之后，我下班回家后收到一条语音留言：克里议员办公室的一个工作人员想和我讨论一下对去克里团队工作的意向。（注意："意向"和提出给实际工作是两码事。）最终，在做过几份看起来我毫无理由接受的工作后，我终于接到了算是我梦寐以求的电话。

我两次去波士顿参加面试。第一次是类似"信息了解类"的面试——但你要认真对待任何称作"信息了解"的事，因为你永远不知道会是什么情况。我当时穿的是那套棕色套装。用好纸打印了几份全新的简历。我还事先仔细研读了所有关于约翰·克里的资料。我甚至还背了几条《波士顿环球报》上引用的克里的新闻发言人凯尔·沙利文（Kyle Sullivan）的话。（当时还没到真正的互联网时代，所以我是真的去买了报纸，扫描了相关内容。）这可是一帮大人物抽出宝贵的时间见我，而我也要准备好去拿下这次面试。

几周后，我第二次去波士顿，见了克里团队在该州的主任、新闻发言人和排程员。我尽可能表现得不经意地把我要说的都说了，但我也表示我愿意做任何事来充分利用好这个工作机会。我说了"没有什么工作对我来说是大材小用的"，我还记得跟他们说过："如果我连电话都接不好，剪报也没法按时完成，那还有什么别的工作可以放心交给我呢？"

自知之明——这一点永远可以给人留下印象。我最后真的接了很多电话。在我第二次面试后离开前，克里参议员走了进来，从我身边经过，直接进了他的办公室，不过当时我听见他问了句我是谁。他的团队人员告诉他我在面试，然后他要了我的简历，我听见他说："她在苏富比工作过，那她一定很不错。"所以说，往前走总比原地踏步要好，哪怕你觉得这前进的方向可能不是你想去的方向。

几天后我接到了克里团队的州主任杰夫的电话，他给我的职位是兼任新闻部和排程员南希的助理。我要轮班接听电话、处理信件，年薪 20500 美元。我毫不犹豫地感谢了他们给我这么好的机会，并且马上就开始琢磨怎么去日式拉面加点餐了。我都感觉轻飘飘的了。我在苏富比的最后一周正好碰上了《新飞越比弗利》系列大结局。

· · ·

这么多年来，我也对自己有了不少了解，主要是因为我愿意倾听别人对我的评价。我喜怒形于色；经常还没了解某个人就开始讨厌；我很敏感——特别是当我疲惫或者觉得自己被人误解时。这可能听起来像是一个约会网站上写得很糟糕的个人档案中"关于我"的那部分，但是了解自己的这些特点让我在漫长且往往压力重重的职业生涯中能保持我的人脉、名声和理智。有自知之明意味着你清楚自己什么时候会表现不好——然后可以不让自己表现不好。

2012 年夏天，白宫正处于再选时期，所以我需要协调与之相关的计划，这成了我日常职责中最重要的部分。如下是通常的一天时间表：

6:50a.m.：从西行政楼的大门开车进入确保有我的车位

6:55a.m.：在海军餐厅点一杯拿铁

7:00a.m.：看国家安全手册或新闻剪报或看电视新闻

7:30a.m.：参加在幕僚长办公室召开的高级顾问会议

8:30a.m.：罗斯福厅的高级顾问会议

9:05a.m.：问克莱为什么我的英格兰松饼是凉的 / 与凯西和法伊弗聊一聊《女孩》的最新一集（说真的）

10:00a.m.：与白宫行政管理办公室成员开会

10:50a.m.：与克莱和法伊弗讨论午餐订餐和例汤

11:00a.m.：总统和高级顾问开会

上午 / 下午：周规划头脑风暴讨论会（小型）

上午 / 下午：在幕僚长办公室的周规划会

上午 / 下午：人事提名及确认的周例会

上午 / 下午：内阁事务每周汇报会

上午 / 下午：每周白宫军事办公室汇报会

上午 / 下午：国家安全委员会周计划会

6:00p.m.：在幕僚长办公室的总结（谁也说不准实际什么时候开始）

7:30/8:00p.m.：走出办公室 / 喂猫 / 开瓶小酒

2012 年，我们外出的行程太多了，许多周例会往往能堆在同一天，或者在空军一号或车队里进行电话汇报。然后你一层一层地和“奥巴马为美国”竞选团队进行（合法）协调，以保证你不搞砸他们的目标（让奥巴马再度当选美国总统），他们也不搞砸你的目标（保证政府正常运作，这样奥巴马才能再度当选，这样你就又可以让政府继续运作）。我负责处理内阁部长和竞选之间的关系，确保不管他们做什么——出现在我们为候选人举办的活动上、在州党派活动上发言或者募捐，都符合政府官员和政治活动的相关法律。这并不容易，你说错一个字，就可能成为新闻头条。我还和罗姆尼竞选团队合作过，确保他们最高层的官员开始接受国家安全审查，这样如果罗姆尼赢了大选，这些高层官员的审查工作就已经在推进中了[①]。

国家安全审查是一件很有趣，但也很让人担忧的事。审查首先就要填写一个叫 SF86 的表格，表格中有一个臭名昭著的部分，就是要了解你的药物使用情况。

我从高中开始就抽了很多大麻。在 2008 年竞选期间没有吸那么多，但即便在当时，我也还是吸过大麻。我没想太多；很显然，如果你要进入白宫工作，肯定是不能吸大麻的，但是，拜托。奥巴马竞选团队中大部分人之前都在参议院工作过，所以我们觉得自己都有经验，知道在国家政府工作是什么样子。但其实我们并不了解。白宫是一个完全陌生的环境。

当我拿到 SF86 表格时，吓坏了。表格上有问你用过什么药物 / 毒品，还要写下用过多少次。我非常诚实，所以在大麻旁边写下了“未知”。

我也可以偶尔假装 SF86 不是什么大事，只不过就是冗长枯燥的一道官僚程序而已，但我还是吓坏了。之前我从来没想到过大麻有可能会让你失去一份工作。难道我要告诉我的父母我因为吸过大麻而不能在白宫工作吗？怎么会有这么糟糕、这么尴尬的经历？

---

① 美国高层官员在任命时都要进行审查，包括各部长。美国内阁各部长一般都是跟着总统变化，总统大选后，总统有变动，则内阁一般会进行大洗牌。候选人一般会提前对心目中的内阁人选进行审查，这样当选总统后能尽早任命各部长，让政府尽早流畅运作起来。——译者注

一般在你填完表格后不久，一位 FBI 特工就会过来找你谈话。一位特工女士拿着我的表格，很快——我不记得是在谈话进行了多久的时候；我只记得我被大麻这个话题吓坏了，喋喋不休地说着有一次我偶然和我朋友萨曼莎去过一次脱衣舞夜总会，她就问了我吸过几次大麻。

我说我不知道。

她问："超过 20 次吗？"

"是的，"我答道，"超过 20 次。"

"超过 100 次没？"她又问。我汗流浃背。

"是的，"我答道，感觉濒临垂死边缘，"超过 100 次。"

"超过 500 次吗？"

"就写未知就行了！"

我吸大麻的时候是否清楚其中一些风险？我清楚。如果我十八岁时知道吸大麻会对我未来的人生产生这么大的影响，我还会吸吗？谁知道呢。FBI 特工要联系我所有的朋友问我是否吸过大麻；当我给这些朋友打电话让他们做好心理准备时，他们马上就向我保证他们一定会说从没见我吸过，我只好跟他们说："别！请告诉他们你见我吸过！"（因为政府需要确保工作人员不是骗子，也不会有被敲诈的可能性，没有过严重违规行为。）我在白宫工作的第一年，几乎每个月都要接受随机违禁药物检测。

我在白宫的工作就包括人员审查工作——人脉、和外籍人士的接触、药物使用、就业和租房历史——从而了解他们是否适合为总统工作。我见过一些不好的事。一些求职者把她家的保姆谎报为雇员，但很显然是私下支付工资以逃税，于是就有了税务上的问题。有些人还有奇怪的个人巫术网页。这些人在审查会议上就会被剔除。但当时我所看到的所有奇怪的事几乎都比不上如今我在推特或者 Instagram 上看到的各种奇异内容。

如果我当时知道需要对我大学时拍的照片负责的话（我主要说的是我热衷于打扮得像《四个毕业生》[*Reality Bites*] 里的詹尼安·吉劳法罗 [Janeane Garofalo] 的那段时间），说实话，我可能就不会拍得那么糟了。奥巴马政府初期，推特还是个新鲜事物，大家在推特上说的话都能引起轰动，现如今大家习以为常，也不会对你在推特上发的东西小题大做，但如果你想要从事公共服务这一行业，那么你还是需要很谨慎。当你只是专注过自己的生活时，你都不会意识到这些事可能在未来纠缠上你。我最近还看到我认识的一个人在推特上发布了在国外吸食可卡因的内容，这些事很难让人忽略。

· · ·

2012 年夏天是我职业生涯中最具挑战性的时期之一。我一边协调着奥巴马竞选和罗姆尼团队工作，一边又坐上了巡游艾奥瓦州大巴。当时很有意思——我们在州集市上吃着烤火鸡腿，阿克塞尔罗德在和芭芭拉·史翠珊打电话。然后班加西事件发生了：2012 年 9 月 11 日，伊斯兰武装分子袭击了美国驻利比亚班加西领事馆，美国驻利比亚大使、外交事务情报管理主任和两名中情局雇员于袭击事件中丧生。紧接着，我们就进行了三场总统大选辩论，第一场是在丹佛市，对我们来说效果不是特别好。在霍夫斯特拉大学举办的第二场辩论，奥巴马总统满血复活，但在大选前一周多，飓风“桑迪”横扫美国东海岸。

大选近在咫尺，我们的核心团队在白宫驻守，以确保政府正常运作，但很多人都外出陪总统一起参加演讲活动，鼓励民众投票等。2009年，在我们与布什政府交接过渡会议上，他们告诉我们飓风“卡特里娜”发生的那个周末，白宫很多员工也都出差了；没有人为发生的一切找借口，但他们也吸取了一个教训：确保在西翼行政办公楼永远都有一支可以自己决策的核心团队驻守。

我担任副幕僚长时的工作之一是和联邦应急管理署（FEMA）、国土安全部（Department of Homeland Security）以及国家安全团队协作，处理短期、长期应对自然灾害及灾后重建工作，协调整个政府内部的相关工作。我们还会和州政府、地方政府、当地教会、非营利组织和公用事业公司合作处理相关问题。由于气候变化的影响，不光大西洋飓风季节（从6月1日持续到11月30日）需要大家更加警惕，一年到头人们都会面临各种气候挑战：干旱、野火火灾、洪水，各种你能想到的自然灾害都有。

我曾有过一次应急管理的经历——飓风“卡特里娜”发生时，奥巴马还是参议员，我在他那儿工作，目睹了他如何应对飓风。他确实尽一切可能聆听当地居民和官员的需求，并给予他们所需——不仅仅是奥巴马觉得他们可能需要的。暴风来袭之时，奥巴马正代表参议院外交关系委员会（Senate Foreign Relations Committee）远在俄罗斯；他想直接飞回新奥尔良，但我们说服了他别这么做。我们决定，既然大部分的人力物力去了路易斯安那州新奥尔良市，那么我们就和密西西比州的一位保守派参议员合作。我清楚地记得当时正进行电话会议，正讨论着怎么把补给物资通过这位参议员在帕斯卡古拉（Pascagoula）的教堂送往密西西比州时，听见奥巴马说：“我希望能确保有足够的女性用品送往墨西哥海湾沿岸。我听说那里的人真的很需要这些。尿片和女性用品——这是人们需要的东西。”

在飓风“桑迪”登陆美国前一周左右，我们开始和国家气象局（National Weather Service）沟通，我们得到的消息是这可不是演习，是一场实实在在的飓风。一场大暴风预计将在大选前不到两周时间内波及美国人口最密集的地区。飓风“桑迪”10月25日横渡波多黎各，到10月28日前，安德鲁·库默州长就已经命令大纽约交通运输管理局（MTA）停运包括纽约地铁在内的所有交通运输，至少停运至10月30日。

我们竞选团队要注意许多事。不能去任何可能会分散为暴风做好准备的资源（警力、急救员、警车）的地方，也不能影响救援。所以总统最好是完全不要去东岸，而且暴风还将席卷华盛顿特区。如果这次华盛顿特区受暴风的影响特别严重的话，奥巴马还可能会被困住，所以最好经常换地方。

虽然我很喜欢竞选，也喜欢和总统一起出行，但我也有责任留下，直面暴风。每次危机中都需要一个队长——一个总能收集所有可用信息，了解事情的前因后果和所有因素，从而能在整体上做决策，也能让所有参与其中的人都了解事情发展的人。

在飓风“桑迪”登陆纽约和新泽西时，华盛顿特区还在下雨，但风暴最糟糕的部分过去了。华盛顿特区一切都停止运作了——就像是一座“鬼城”，我们去上班的唯一渠道是让军队的人员开着萨博班越野车来接我们。

让所有人都冒着生命危险待在白宫办公室也毫无意义，我们都有电话和无线网，所以我让大部分人都在家办公。但还是有一小部分人留下了，我们都聚在西翼办公楼的媒体办公室工作；白宫没有即时信息系统，所以用这种方式更方便沟通。我们通过纽约一频道、《纽约邮报》（*New York*

Post）、《纽约日报》（*New York Daily News*）和 CNN 推特推送（这是我第一次真正接触推特）追踪暴风的进展，然后把我们各自了解到的大声喊着告诉彼此。如果我看到泽西城某个官员在推特上写他们没看到红十字会的物资车，那我们这边就会有人打电话给红十字会。看吧，很快，红十字会的车就出现了。

发生自然灾害的时候，白宫有几项工作要做。首先，我们要努力确保人们清楚即将发生的灾难的严重程度，但不要过于惊慌。经历过飓风“卡特里娜”后，你觉得疏散人群是在一场大风暴来临前最容易做的事，对吗？不一定。因为如果要求疏散群众过于频繁——结果发现所谓的暴风只是下了场大雨，人们将不再相信政府。疏散在感情上、物流上和经济上对一个家庭来说都是一个大工程。你绝不想让人们对政府的建议麻木或者不屑一顾，但又务必要传递出形势的严峻性，确保每个人都明白需要做到怎样恰当的防范。一旦风暴过去，我们几乎要以迅雷不及掩耳之势行动——确保所有的政府机关能尽可能迅速、有效地提供人们需要的援助。

从我们最开始竞选总统起，竞选传递给我的信息就很简单粗暴：“别把事情搞砸了。”（不把事情搞砸不仅是为了竞选，还有更重要的原因。你会明白我当时要处理的问题到底有多重要：当遇上自然灾害时，人们对总统政府的失误是零容忍度的。所以我真的不需要那些“以退为进”的邮件来提醒我的职责。）

我们每隔几个小时会用电话跟总统汇报情况，电话会议中还有联邦应急管理署署长克雷格 · 富盖特（Craig Fugate）、国土安全部部长珍妮特 · 纳波利塔诺（Janet Napolitano, JNAP），时任总统国土安全和反间谍国家安全副顾问的约翰·布伦南（John Brennan）参加。我们和总统先生汇报正处于风暴的哪个阶段，有多少人家断电，多少家园遭遇洪灾，我们正进入灾害应对的哪个阶段以及我们与地方官员的最新沟通情况。当富盖特、JNAP 和约翰知道我怎么解决问题时——每隔几个小时用邮件给高层员工提供新情况（当大家知道他们会定期收到更新时，就不会经常随意给你发送问题，这样你就可以专心处理实质需要解决的问题），并和州、地方机构进行定期全面的沟通——他们便开始让我来主导，这给了我很大的信心，因为他们信任我，交由我来处理问题。

你在处理这样类似的事情时会发现人手太多和人手不足之间并没有明确的界线。我集中精力聆听地方官员，认真考虑他们的所求和所需。我们往往很难做出既有影响力、及时应对但又不过于感性的决定。听人们描述他们的经历、被摧毁的家园——你多希望挥一挥魔法棒就能解决所有问题。但有太多的故事要聆听，太多的人要帮助——你得保持注意力集中。

我主要是和纽约州及新泽西州的州长办公室打交道。我必须要说：克里斯·克里斯蒂（Chris Christie）州长办公室的工作人员真的非常职业。我很喜欢和他们共事。他们对自己的所需永远都非常清晰明确，他们希望我们让地方市长加入和总统的电话会议中，这样能直接告诉总统各社区的情况。富盖特、珍妮特·纳波利塔诺、瓦莱丽·贾勒特（Valerie Jarrett），总统国内政策委员会主任塞西莉亚·穆尼奥斯（Cecilia Muñoz）和我都参加了这些电话会议。他们效率非常高，帮我们了解我们需要在哪些地方优先采取应对措施。

纽约州情况就不太一样了。州政府办公室希望我们所有与地方的沟通都要通过他们办公室，我觉得这样做可能会很不好。遇到危机时，是地方当选官员亲赴前线，如果他们能够告诉自己的选民他们直接和总统沟通，这样可以抚慰民众，让民众放心。灾区的人们往往没有电、电视、网络，所以听见郡行政长官在电台上说他们已经和总统沟通了相关情况，这能让他们感觉到是有人管他们的。而且，像纽约州这样的州，如果你住在长岛、皇后区或布鲁克林这些地方，难道不会觉得曼哈顿会成为所有资源的优先分派地吗？应当由大区区长本人向总统汇报红钩区、布鲁克林的情况：摧毁了当地无数企业的洪水，或者布里奇波恩特、皇后区惨重的受灾画面（一场六级警报的火灾摧毁了这里的 130 个家园）。我真的觉得总统需要直接聆听大区区长和郡长官的述说。

于是我就要无赖了。我们先把地方当选官员拉入电话会议中，然后直到最后时刻才告诉州长办公室。最坏的情况也就是州长会火冒三丈。不过州长听完最新情况后，也听到了地方团队的感激，我觉得他最后并没有生气。

感谢上帝，幸好我们这么做了。我们听到了整个纽约州油气的状况有多糟。虽然大部分加油站都关闭了，但街上还是排着长长的队等待加油；纽约州公用事务工作人员远远不够，根本没办法开始恢复用电。风暴逐渐减弱，但风暴产生的巨大影响却在慢慢彰显。纽约州也没有足够的吊车起重机来开始修复电线。美国铁路公司和新泽西捷运短期内都无法恢复运作。

我不得不在短短几天时间内让自己成为交通基础设施和燃油方面的半个专家。我们和白宫经济团队的迈克 · 弗罗曼（Mike Froman）、吉恩 · 斯珀林（Gene Sperling）以及交通部副部长约翰 · 波尔卡里（John Porcari）进行了一次电话会议，发现纽约和新泽西之间的铁路在 41 号配电站修好之前无法开始运作。41 号配电站负责为北河隧道、纽约的宾州车站、美国铁路（Amtrak）以及新泽西铁路供电，但现在已经完全被洪水淹没了。我问为什么还没修好。他们说因为洪水，美国铁路公司需要派潜水员去检查，但他们的潜水员遇到了一些问题，目前还没有下水。我又问陆军兵团有没有潜水员，答案是有的。我问为什么他们不能去。结果他们说能！于是我们就派了陆军兵团的潜水员去了。之后列车就（慢慢）开始恢复运作了。

我们和能源部、交通部、内政部、国土安全部、国防部在局势研究室开了一个会。大家看起来都很疲惫；之前我们吃了很多烤芝士，大家看上去都很需要好好补充点沙拉。很多人都是随便穿几件胖胖衫和抓绒外套。西翼办公楼有几张沙发，但没人在上面打盹；我们都还在靠肾上腺素支撑着[①]。我们都在努力思考是否还有没想到的事——无论什么时候这都是个好习惯。这时我有一个想法，但又似乎微不足道，所以我提出来的时候还蛮紧张的：我们有没有任何公益广告告诉大家如何联系联邦应急管理署寻求援助？

对有些人（比如我）来说，鼓起勇气在会议上发言是一种需要练习的技能。我们往往都会有某些担忧——怕说出来的话可能会听起来很愚蠢或者你要说的其他人可能都已经想过了，你所想的可能是一个十分简单且有明显漏洞的计划，这很正常。当然还有一些恐惧是因为你是和一群这个国家最重要的、最有权势的决策人士一起开会。（其实这些会议都差不多，只不过这些重要人士参加的会议会有些额外的利害关系：如果你的主意很糟，那会有上百万人看到后果。）

---

① 肾上腺素为人体在经历某些兴奋、恐惧、紧张等刺激时分泌出的激素，能让人呼吸、心跳加快，为身体活动提供更多能量，使反应更加快速。——译者注

而且，我从未武断地表达过意见。我习惯于明白我要说的事的背后有一个真正的目的。在来回问过我自己后——主要是因为我要说的这点是很基本的做法，我觉得可能会有人回答说："啊，我们当然已经这么做了！"——我最后还是决定提出来。

结果大家的反应是："哇，是啊，我们应该做一个公益广告！"——这个想法一点都不蠢嘛。就在几小时内，我们让第一夫人录制了这个广告，在时代广场的电子屏上播放如何寻求帮助，让当地所有酒店也都在酒店大厅用电子屏（他们通常会在这种电子屏上布告酒店当天正在承接什么大会或会议）发布相关信息。

在接下来漫长的四十八小时内，我们不断接收信息，获得最新进展，和各机构沟通、安排某些事务的后续追踪工作。在这段时期内，所有电话和邮件都在几分钟内得以处理和答复。这完全是一个涉及整个政府各部门的协作。当我们安排晚上十一点的电话会议，所有人都准时参加了。

很快，一场危机出现。我们采购了上百万桶精炼燃油，结果突然意识到我们不知道要怎么运输这些燃油。我们打了无数个电话、开了无数次会来找条约中的漏洞或修订条约的办法，能让运输进口燃油的驳船进入纽约港，然后我们得把燃油从驳船上卸下来，运到加油站。最后我们派出了 C–17（军用运输飞机）前往加州，把更多卡车和公用设备运往东海岸用来运输燃油。之后我们发现大部分加油站没有发电机，这意味着它们实际上无法接收我们采购并运过来的石油，无法给在马路和高速公路上排队等待的车加油。很快，州政府和地方官员决定了哪些加油站加油的人最多，就在这些加油站安装发电机，直到更大范围内恢复供电。在这场危机中，要么我们会成为英雄，要么我会被炒鱿鱼。

我和联邦应急管理署署长克雷格·富盖特去了皇后区的洛克威。富盖特是我在白宫共事的人中最钦佩的人之一。他总是很冷静，比你想象的要聪明，很有哲理、博爱，他还是后勤专家、教育家，真的非常优秀。我们听当地的牧师说大家在晚上会很害怕，因为周围太黑了——大部分地方仍然没有电，还有很多以打劫为主的犯罪行为。富盖特给纽约的制片公司打电话，要来他们用来拍夜戏的大灯，运到了皇后区。我们还听说保险公司糊弄大家——购买了洪灾保险的人被告知无法获得赔偿，因为他们房屋所遭受的破坏是由风造成的，而不是洪水。

富盖特就给当地最大的保险公司打了电话，明确地告诉他们现在不是增加障碍的时候。我们还听说很多人不太敢寻求联邦应急管理署的帮助，因为他们怕被发现有欠缴税、违规停车罚单或其他支付不起的问题而被标记出来。于是，我们派出了联邦应急管理署“军团”——一支受过培训的志愿者队，拿着iPad挨家挨户地帮助人们注册登记所需的援助，并解答他们所有的问题。

在我们回华盛顿的路上，我问富盖特为什么好像没人像我以前见过的那样从红十字站点拿捐赠的衣服？他跟我解释了幸存者与灾民不一样的心理：如果你失去了所有，而被告知可以穿别人穿过不要的不合身的衣服，这会不会让你感觉变强大，更能掌控自己的人生？不会。这种情况下，一张75美元的礼品券更有用。所以当那些企业问他们可以捐些什么时，他毫不避讳地要他们给礼品券。

等人们慢慢开始重新振作起来，社区开始恢复运作时，我们把内阁的各部长派去受灾地区，评估灾后重建工作情况。我们派了小型企业管理署署长卡伦·米尔斯（Karen Mills）前往布鲁克林、下曼哈顿区（Lower Manhattan）、韦斯切斯特（Westchester）和康涅狄格州去了解当地企业重新开业需要些什么；米尔斯也给大家介绍了我们“灾害贷款项目”的好处，这个项目可以给确认宣布过的受灾地区的屋主、小型企业主以及小型农业合作社提供经济援助。健康与人类服务部部长凯瑟琳·西贝利厄斯（Kathleen Sebelius）去曼哈顿走访了风暴期间停电的医院，感谢医院职工的辛苦工作。

住房和城市发展部部长肖恩·多诺万（Shaun Donovan）前往布朗克斯区和皇后区给群众介绍了他们可选的住房渠道有哪些。能源部部长朱棣文（Steven Chu）和副部长丹尼尔·波内曼（Daniel Poneman）召集全国私有和公立能源公司开了一个会，探讨出了一个让这些企业在自然灾害期间作为整体合作的方法；他们还在能源部设立了一个二十四小时一周无休的运维中心。这些做法都很好。我们知道人们需要什么信息，每一次走访，都有当地的媒体报道，散播着这些信息。过程虽缓慢，但很肯定的是，我们看到事态慢慢缓和，人们更加冷静。

大选前两天，据天气预报，纽约地铁区域将会有一场东北方向来的暴风雨。布鲁斯·斯普林斯汀（Bruce Springsteen）、杰伊 -Z（Jay-z）[①] 和奥巴马总统正在去参加鼓励人们投票的最后活动的途中。我对布鲁斯·斯普林斯汀的喜爱仅次于对感恩而死乐队的喜爱，但我当时正在华盛顿监测风暴，解决飓风“桑迪”的问题，和内阁成员合作安排他们去灾区的行程。我对于不能参加竞选活动感到很失望，但我也知道我的职责就是要留守在办公室，所以我在其他所有人都回家后，开大音量播放着布鲁斯·斯普林斯汀的《希望

① 两位都是美国著名男歌手。——译者注

和梦想之地》（*Land of Hopes and Dreams*）。

一天晚上，我正坐在办公桌前，电话响了，显示通话来自白宫幕僚长杰克·卢（Jack Lew）。我们一个小时左右前才刚进行了一次暴风进展情况汇报，我不知道他为什么又打来电话。当大家和总统一起出行时，如果他们打来电话，往往是因为出了什么问题，想要向电话另一端一头雾水的人抱怨他们的不满："是谁觉得这是个好主意的？"等。不管是出了什么问题，我都不太有心情来应对。而且，我已经盯着电视画面看了一整天，也不想有人来可怜我，并不想接"办公室里情况怎么样？我在尽量表现得我并没有享受我的美好时光"这样的电话。我无精打采、略微暴躁地接了电话："喂？"

但电话那头并不是杰克。一个声音说："艾丽莎？"

天哪！我认识这个声音。

他没有马上说"我是布鲁斯·斯普林斯汀"，但他说话的声音跟他的音乐一样——就仿佛随时会来一段萨克斯风一样。他代表新泽西人民感谢我在应对飓风"桑迪"中所做的工作。

我受宠若惊，激动不已，结果我却跟他说或许他能在空军一号上做一些更重要的事，而不是花宝贵的时间来和我聊天。我说我很感谢他的来电，然后我们就结束了通话。

大选日当天，我走路去了十五街的非裔卫理公会教派教堂投票。我在等投票的时候和拉姆·伊曼纽尔（Rahm Emanuel）聊了一会儿，给多诺万部长打了个电话，提醒他我已经向总统建议提名他为"飓风'桑迪'灾后重建工作组"组长，总统可能很快就会给他打电话——不好意思，我并没有觉得对不住他。虽然这份工作可能在很多方面都能给人很大的满足感，但灾害发生几个月也会开始让人感到很烦，因为这些工作拖的时间太长。

当晚，总统的个人助理安妮塔·布雷肯里奇（Anita Breckenridge）和我去 BLT 牛排店（非常）早早地吃了一顿晚饭。我们喝了几杯鸡尾酒，一起吃了块牛排。晚上 10 点半前我就睡着了，也没看到奥巴马总统的获选演讲。他的胜算已经很明显了，YouTube 视频网站的美妙之处就在于我知道我第二天也能看到这次演讲，所以我那晚唯一想做的就是躺在枕头上休息一下。可能这听起来过于冷静，但我当时真的觉得我们会赢，而能有一刻休息时间是多么棒。大部分人想和奥巴马总统一起去芝加哥共享这份喜悦，但我觉得我在竞选中所做的工作不会因为我没有去而不受到认可。

· · ·

几周后，《纽约时报》刊登了一则关于白宫工作人员的报道，报道中有人随口评价了几句我的工作范畴。文章写的是奥巴马新幕僚长的甄选过程，中间顺便提到了我："从奥巴马六年前首次宣布竞选总统以来，36 岁年纪轻轻的艾丽莎·马斯特罗莫纳科就一直负责奥巴马的后勤和行程安排工作，并将继续担任副幕僚长，负责团队运作，监管行程安排、人事等工作。"

这不是件什么大事，对不对？但我愤怒了。在我经历了整个竞选过程中所有这一切后，不管是谁跟这个记者说的，基本上是把我的工作描述得跟"旅行代理"一样。我一直对这种说我只处理"行程和后勤"的说法很敏感；我也觉得，如果换成是吉姆·梅西纳做我所做的工作，他们会说成他是管理了整个白宫的工作。

我不想把"疲惫"当作我有这种反应的借口，但也没用。新闻办公室把这则报道邮件转发给了各高级顾问，我一看完这篇报道，就非常尖锐、愤怒地回复了所有人。我觉得我这么做完全有正当理由。为表示对我的支持，白宫法律顾问凯西·雷穆勒（Kathy Ruemmler），也回复了所有人，回应了我的感受，说她赞同我的观点。凯西很厉害，35 岁就曾在安永公司的案子上做最后结案陈词。她也是我的好朋友，我们曾说过，如果不能彼此支持的话，就太令人失望了。总之，你不可以谈论你的同事“仅供参考”，也绝不能让这些言论“公开发表”。如果有记者来找你，你就应该明白你所说的话会被当作新闻“评论”。

之后，我就让这一切过去了；我确实很生气，不过我也觉得这不是件什么大不了的事——有时候你就是憋不住要说出你想说的。我觉得大家会看到我的邮件，也许那个跟《纽约时报》说这些话的人会觉得羞愧，这就够了。

第二天早上，我准备去开 7 点半的会，克莱跟我说奥巴马总统想见我。

我走向他的办公室，完全不知道他找我什么事，但被他叫到办公室并不代表有什么坏事。所以我也不紧张，径直走进了办公室。

“是这样，”他说，“我听说你发了封邮件。”

我着实吓了一跳。他到底是怎么知道那封邮件的事的？我立即在脑海里回忆了一下我发送的名单，想看看是谁打了我小报告。

我是一个所有想法都挂在脸上的人。奥巴马总统马上就知道我在脑海里判断我团队里的每一个人，从“无辜人士”到“应该再给他 / 她写一份不理智的邮件”。奥巴马总统说：“谁跟我说的不重要。”他接着指出我需要意识到我话语的影响力，我不能发这样的邮件，因为这些邮件——我重新简述一下——把大家吓坏了。

自知之明是一个一生的认知过程；你不可能某天早上醒过来就拥有了你所需要的一切。所以即便我过去几个月一直在证明我有能力，而且知道自己在做什么，但这封邮件暴露了一切。当美国总统跟你说你的话语有影响力时，这就很令人吃惊了。说实话，我原本并没有觉得有人会在乎我发了这么封暴躁的邮件。

不过这确实是条好建议，不仅当时对我而言如此，而且总的来说，这也适用于生活中任何一种“回复所有人”的情况：想想你所要说的会对从上到下所有相关人员产生什么样的影响。这也是对我精神状态的一个警醒：我（暂时还）不知道为什么——虽然我可以肯定我在内心深处已经意识到了，但我的脾气越来越糟，也越来越没耐心了。

第五章

权力，最好的工作就是“你领域的顶端”

SMILE

那一年 8 月初的某天，普劳夫在我的办公室和我闲聊。因为我打字非常厉害，所以当时我一边看着他聊天，一边在写一封邮件，其实这封邮件我哪天写都没问题。普劳夫要走的时候，脸上挂着一丝忧虑。他皱了皱眉，用经典的普劳夫式表情问道："你在干吗？"

我看了一眼电脑，发现我打的内容全无意义语句不通，甚至组不成单词。

我那段时间一直丢三落四，钥匙放错地方；走进车里，也不记得我是不是喂过我的猫施乐咪了。我也不止一次放错过我心爱的文件夹；我有一天甚至把文件夹忘在家里，这在之前可从未发生在我身上过。那年夏天早些时候，我忘了自己已经放过一个阴道环了，就又放了第二个，直到生理期才发现出来了两个阴道环。（好在这也终于解释了为什么那个月我长了那么多粉刺，不是因为别的什么疾病。）

当我看着电脑屏幕上乱七八糟的内容，所有这些综合在一起，我慌了。我觉得自己肯定是得了脑瘤。而且，很显然，我都没有意识到我已经开始自言自语了，因为普劳夫走了之后，我的助理布伦戴奇听到我在说话（我也不知道在说什么），就给白宫医务室打了个电话。他跟医务室说我正在去医务室的路上，然后送我过去了。我一路强忍着泪水，走过玫瑰花园和柱廊。

在白宫工作是梦幻般的工作机会，但也绝对是份累人的工作——累人都已经不足以形容了。你把闹钟设为早上 5:00，只是起床看看头发的状况，"看起来还行"，于是决定睡到 5:15。5:15 起床后，你又和自己商量"素颜看起来也挺美"，然后进入第二轮 15 分钟的睡眠。为总统工作让我已经基本不化妆了；如今，素颜已经慢慢变得很普遍，但在当时如果你一点妆都不化，别人会问你是不是病了。我跟自己说：黑眼圈会让你看起来像是生活在巴格达“绿区”的特工人员，虽然实际上你只是和一个不错的男人以及一只波斯猫一起生活在乔治郡。

在白宫医务室里，杰克逊医生让我冷静下来，给我做了一个整体的神经检查。我内心太慌乱了，不太记得当时的过程，但我感觉他好像是测试了我的条件反射和协调能力，让我来回走了几次。他的诊断是因为睡眠不足导致的过度疲劳，我的生理功能只能利用50%。我答应会在晚上10:00前睡觉——不是说躺在床上就行了，至少要打个小盹——然后吃几周安眠药。这是我第一次对自己坦白：我可能没法撑过奥巴马连任两届了。

我第一次和奥巴马总统提出几个月后可能会离开白宫，是在奥巴马成功连任后不久。当时我们正乘坐空军一号从亚洲回国。我并不确定当时是不是就想立刻辞职，但我感觉这一时刻就要来了，因为贝拉克·奥巴马给过我那么多机会，我觉得我应该告诉他我的想法。说出来并不容易，我不希望看起来像是决定退出的懦弱之人，而且一旦说出了这样的话，就没法收回了。他说他相信我只是需要休息一段时间，我也应该给自己放个假；他听起来并没有失望或是在评判。于是我答应圣诞节假期时休息一下。

遗憾的是，休假并未如愿以偿。原本我设想可以作为代副幕僚长陪同总统出行的人结果无法陪同第一家庭去夏威夷，所以又只能我去了。我们以为这一年会相对轻松，但白宫和国会仍在不停地就能否提高债务上限进行谈判——如果不提高上限，那对美国的经济和在全球的地位都会造成灾难性的影响。同时，我们也正准备提名新的国防部长。所以这次我也必须随行。

对于我居然因为要去夏威夷过圣诞节而难过，你有机会向我翻白眼了。我明白。我一直都尽力保持警觉，明确我的处境和环境；当我陷入自怜的时候，我知道还有人比我惨得多。总的来说，我的苦恼可能是像我朋友安妮说的“上层社会的苦恼”，或者也称为“第一世界的苦恼”和“特权”，但不管用哪种说法，都是表达一个意思：其实没那么惨。

但我的精力真的已经完全耗尽，感觉已经无法再继续胜任工作了。而且我是真的真的很喜欢圣诞节。我德国这边的家庭从小就给我们灌输了圣诞节要吃各式各样的肉食、奶酪和蛋糕的重要性。即使是在2008年大选期间，我平安夜也会飞回家吃晚饭，然后圣诞节再飞回芝加哥。对于不得不去夏威夷，我几乎感到绝望。不过负责政策的副幕僚长南希－安·德帕尔（Nancy-Ann DeParle）送了我一件非常棒的毛衣，上面印了一只猫，我当时确实很期待在飞机上穿这件毛衣。

我们周五出发。当时我和来自乔治敦的一个叫DK的很不错的男人交往了两年多一点，因为我们会分开过圣诞节，所以我们决定周四晚上去我们常去的米莱诺小餐馆（Café Milano）提前吃一顿节日晚餐。DK是内华达州参议员多数党领袖哈里·里德（Harry Reid）的高级助理，所以我们没法一起过圣诞节这件事其实并没有特别让人失望——他反正圣诞节也得工作。

我约会迟到了，当时下着倾盆大雨。我们邻桌应该是我遇到过的最吵的人了。我点的东西上来时，我正在大笑，因为所有事情都不顺利，整个过程我们也基本上没什么机会和对方认真说话，只能笑了。

吃完饭后，DK问我想不想吃点甜点。如果有人在餐厅问你要不要吃甜点，那肯定是有什么事。谁会在餐厅点甜点啊？除非是特殊情况，或者是需要点时间来告诉你一件不好的事，否则没人会在餐厅点甜点。我记得当时非常明确地说：“不要，我只想回家，脱掉我的Spanx塑身内衣。”（我离开白宫后就再也没穿过塑身内衣了。）于是我们走出了餐厅。

从米莱诺小餐馆出来的街上，有一座小砖砌建筑，里面有一家达美乐披萨店（Domino’s Pizza）。就在这家达美乐披萨店前，在雨中，DK 向我求婚了。

DK 人生中有三条准则，他也经常提到，我觉得是为了明确表示我们是不会结婚的。这三条准则是：（1）租房，不买房；（2）不养宠物；（3）不结婚。我从来没抱有过那种浪漫喜剧的幻想：我可以改变他。我当时完全惊呆了，先是被求婚，然后是被大钻戒吓到了。

我们走路回家（还在下雨）时，我给我家人打了个电话。然后 DK 的电话响了，是杰克·卢和罗勃·纳伯斯（Rob Nabors）打来讨论债务上限的事。DK 在电话里告诉他们我们刚刚订婚了，我听到电话那头杰克说了句“恭喜！”然后他们又继续谈论债务上限了。

我给法伊弗写了封邮件告诉他，他回邮件说他刚收到邮件看成了“我气炸了”，然后才反应过来写的是“订婚了”[1]。

第二天，我出发去夏威夷。我们当时正要宣布约翰·克里将成为下一任国务卿，所以我们行前碰面的时候他就在西翼办公楼。他和海因兹夫人——他们也是我们在乔治敦的邻居——听说我订婚的消息很高兴。副总统过来给了我一个拥抱。第一夫人办公室主任陈远美（Tina Tchen）眼角都湿润了。瓦莱丽·贾勒特也激动得要哭了。然后，戴伊、杰丝及整个日程安排和执行推进团队都过来祝贺了。几个小时后，在空军一号上，第一夫人坚持要看我的戒指，要喝一杯香槟来开启这段旅程。等我们降落后，我发现当地的先遣执行团队把我的房间装饰得很有圣诞节的气氛，还有一棵小树和圣诞灯。

---

① 英文中 enraged 表示气炸了，订婚是 engaged，两个词有点像。——译者注

我感觉好多了。虽然我不喜欢被关注，整个庆祝的氛围让我感觉有点不适应，但同时我也感觉到大家对我的爱。趁着我兴奋之时——还有马上要来临的时差，我决定第二站到威斯汀的莫阿纳冲浪者温泉度假酒店时要去做一下指甲。如果我之后还要炫耀婚戒的话，至少手指上的角质不能太明显了！我做指甲之前没看价格，结果在 Ballet Slippers SPA 做了一个很简单的美甲，竟花了 400 美元。

我和埃里克·舒尔茨（Eric Schultz）喝了点迈泰鸡尾酒，然后回去睡觉了。我们每天有个电话会讨论查克·哈格尔（Chuck Hagel）以及提名他为国防部长的事，当时是夏威夷时间凌晨四点。

这就是在白宫工作的一个缩影：每一顿光鲜亮丽的国宴，每一次和外国显要谈论八十年代的音乐，每一杯在空军一号上享用的香槟，背后都有一个凌晨四点的电话会议。智能手机的来临，24 小时一周无休不间断的滚动新闻（我当初进入政府工作时这些可都还不普遍），让人几乎没有真正意义上的休息。因为压力过大，我的头发已然全白。这就是真实的情况。从一开始你可能就多少能想象到以后会是怎样的生活，但你根本不知道实际的情况是怎样。

· · ·

如果我写这本书其中一个目的是要让更多女性同胞对政府工作感兴趣、热爱的话，那这部分写起来会有点困难，因为我必须要很诚实地告诉你在政府工作到底是什么样的。至少，我的经历是这样的。

任何一个高层的岗位，工作量都很大。美国拥有无数勤勉工作的人和努力想要多工作的人。我们的文化告诉我们，你所能做到最好的就是位于“你领域的顶端”。你应当向往权力，成为拥有舒适的个人办公室、收入高、助理多的高管，一个经常出差、吃工作早餐、一手拿着刀叉一手打电话的人。我在白宫工作时，除了没有自己的角落办公室和丰厚的薪酬外，我的日常状态就是这样的，但也有额外的收获，就是可以做我非常热爱、信仰的事业，另外，不说每时每刻，至少每天都有人教我新的东西。如果有人说很喜欢为某个政客工作，会显得像是个托儿，或者是满嘴胡话，但我是真心喜欢为贝拉克·奥巴马工作，而且我觉得他是为数不多能让人觉得说这样的话是真心的政治家之一。

我喜欢为一个我觉得能让这个国家发展得更好的政府工作，而且我还拥有这么一个无比慷慨、友善、乐于助人的上司，我感觉他不仅考虑我的利益，也把整个国家的利益都放在心中。而且，我出差时，乘坐的是永远不会出现老旧问题的空军一号，我可以不用在无聊的会议中心外干等着浪费时间，而可以在哈米德·卡尔扎伊（Hamid Karzai）的皇宫里的大草坪上吃羊。虽然他们不让我进去，因为我是女性，他们不相信我是高层员工的一员，只有高层员工才能进，但是：很少有比这更酷的事了。

长期以来，我都是尽自己最大的能力甚至超出我能力范围工作。这不是什么大问题——我还年轻，也乐于这么做。我从未想过能有今天的成就，特别是能这么快做到，所以我觉得不管要做什么，都要尽力，绝不辜负总统，还有皮特·劳斯、普劳夫和所有其他人对我的信任。而且我一直觉得这么做特别有收获。能够证明自己可以比自己想象的要做更多，达到一个更高的水平，本身就很励志，能激励自我。真正相信自己所做的有助于成功。

但在 2011 年 1 月，我晋升为副幕僚长时，“我的个人生活”——我的个人生活也已和工作生活融合在了一起，不光是我们这样的政府工作人员，甚至一些正常上下班的工作现在也经常这样，不得不有所改变。我做副幕僚长的第一个月里，埃及总统穆罕默德·胡斯尼·穆巴拉克（Hosni Mubarak）被免职。当天也是吉布斯在白宫的最后一天，我没法去参加他的告别卡拉 OK 聚会，直到我们帮助一群美国公民（国家安全用语是 AmCits）撤离开罗后，我们才有机会聚一聚。

在那之后，我基本上不再和同事出去，或者说是完全不出去了。DK 和我是从那个时候开始约会的，但我们当时还没有那么认真；每周约会两次，通常是周三去杜邦环岛的一个美华（Meiwah）中餐厅，然后周六去更奢华的餐厅，一直到我们订婚后。我也不是因为有别的计划而不跟同事出去，而是因为每天早上 6:45 就要去工作，晚上 8:00 下班后，只想安静地待一会儿；而且我也不想万一有事儿又临时取消约会。

我也并不是一定要有一大堆事做，我本来也可以在任何一天、任何时候都有事可做，但我总喜欢把事情尽快都做完。所以当我不在办公室时，我会在公寓待着等。我卧室还有两部安全电话（最机密的是那部红色的，出了什么严重的问题就会用这部电话）和一台安全网络电脑。非常贴心。

我从未觉得自己有什么遗憾。压力让我成长、学习，给了我很好的经历。尽管我之前作为日程安排和执行推进部门主任的工作更有意思，但我作为副幕僚长的新工作也意味着我的同事会以一种新的方式看待我。即便是从我加入奥巴马团队开始就一直和我共事的戴伊，向我汇报的方式也不一样了。大家不再把你和他们的互动当作嬉戏、开玩笑；在你周围开始变得严肃起来。

尊重的语气也变了。不是说好，也不是说不好，但就是和以前不一样了。

因为有这么多工作和职责，也很难有朋友或者约会对象。第一，我和奥巴马总统有多年的私交；人们经常会问我一些诸如“奥巴马真的戒烟了吗？”“他的生日聚会都有谁参加了？”以及一些政府内部信息等问题，我真的无法回答这些问题，否则会失去他对我的信任。（而且我也宣过誓要对工作信息保密。）所以就算我外出，也不太喝酒，因为我怕我会说一些不该说的话。我有一些故事是可以在没有白宫工作人员在场的聚会上说——虽然我几乎没去过这样的聚会——除此以外的事，我都不会说。我第一次参加白宫新闻晚宴时，一点酒都没喝。晚宴上有好几百个记者——喝上两杯酒，说个有趣的故事，然后突然之间你就成“可靠消息”了。那是我人生中最孤独的一段时期。

当我开始觉得累了时，我并不知道该怎么办。很多人在白宫工作两三年后就离开了，因为实在太辛苦了，但我对这里的每个人都非常有感情——大家都是——我不想让他们失望。而且这么年轻就担当起这么重要的工作，也不太寻常——很难想象离开后还能做什么。你有别人少有的技能、经验和知识，觉得自己可以做任何事，但也会觉得除了这个没有别的什么可以做了。而与此同时，压力也快把你压垮了——身体上、精神上，各方面。

· · ·

我 35 岁生日的那天，在海军餐厅，总统的贴身助理雷吉·洛夫（Reggie Love）走过来跟我说：“老大，生日快乐！”他总能记住大家的生日。“你知道吗？按照 CNN 的说法，你已经到了高龄产妇的年纪了。”

从 2005 年雷吉开始在参议院实习时，我们就在一起共事了——我们关系很好。他这么说有点怪怪的，我有一点……惊讶……但也没关系。（毕竟这也是事实。）餐厅的所有基层员工都惊呆了，我只好跟他们说：没关系，笑吧。

在一些女性政府工作人员、女性媒体人参加的讨论会或者任何我可能参加的讨论会上（往往是为了让更多女性行业代表参与），我经常会被问到孩子的问题：我是否觉得为追求事业而牺牲了生孩子的机会？做这个决定是不是很艰难？我的父母怎么想？当他们似乎终于穷尽这些侵犯隐私的问题后，又追问了句："你确定吗？"作为一个 40 岁还没孩子的女性，我应该要么后悔没生孩子，要么会苦苦尝试昂贵且往往不太如意的试管婴儿。

我多么希望我们的文化并不要求女性对此有什么观点。你没必要对此表态。对于这些问题，我常常是用外交言辞来回应：我不是受害者。拥有孩子是幸福的一种渠道，但我现在也很幸福，适应得也很好；我喜欢我的房子、丈夫、猫和我的工作。我还有时间给一些年轻的女性当导师，去看望父母。和我同龄的许多朋友也没孩子，没有谁为此而特别苦恼。我还是一个孩子的教母。而且我真的很爱我的猫，这有时候听起来很可悲，或者说像是一个养了很多猫的可怜老妇人，但我觉得这种说法本身就是性别歧视了（可别忘了海明威就养了很多猫）。奥普拉也没孩子，她就过得还不错；她随时可以和孩子玩——后来她还打动了斯特德曼，两人一起去过了一个奢华的假期。

我真的很相信这一切。这可不是我半夜捏造的故事，用来辩解我为何把最佳生育期的那几年用在会见各国政要、帮助美国应对自然灾害上了。

但不止这些——还有一些事，我并没有告诉那些带着好意问我 40 岁有着成功事业却没有孩子是种什么样的体验的人。我也经常后悔没有说到过，因为我觉得并没有多少人说过这些，只是信息量似乎太大了。事实上，除了经常把事业放在第一位，直到 37 岁才结婚外，怀孕对我来说，其实并不在我的选择范围内。

我的生理期经常紊乱，一直以来都这样。十几岁的时候，我的荷尔蒙分泌紊乱就让我变得很让人讨厌；我二十三四岁时就节育了，因为我总是出汗——经常汗湿衬衣。我的医生建议我服用一种低雌性激素含量的药。我吃这个药后经常会呕吐，但我的妇科医生不相信；这样持续了一段时间，直到我终于开始用我比较喜欢的阴道环，用了十年左右。有很多女性也有这样的节育经历——真的很糟糕。

即便有爱出汗这个毛病，我觉得这些节育措施都表明我是可以怀孕的，而我确实怀过一次。在雷吉祝我生日快乐之后几个月，我去看医生，问他能否给我做一个 AMH 测试——抗缪勒氏管激素测试。AMH 测试是检测所谓的“卵巢储备功能”，我一直觉得这个说法挺搞笑；按照普通人的说法，就是要检测一下你还剩多少卵子。（实际上，是检测你血液中 AMH 的含量，可以反映你体内还剩多少卵子。）一般情况下，一个 35 岁、没有在积极备孕的人是不会做这个测试的——我只能求医生帮我做一个。

我想到可以在网上进行测试。DK 和我刚开始约会不久，虽然我们还远没有到讨论孩子的那一步，但我个人还是很好奇。我开始在脑海里计算——“我们至少还要交往一年才结婚，到那个时候我就 36 岁了……”我想知道我是否还有时间哪怕孤注一掷试一试。

AMH 的测试结果范围是从 0 到 7，0 表示可能没有卵子了，1.5 至 4.0 为正常，高于 4.0 是属于高水平，这一般意味着你可能有多囊卵巢综合征（PCOS）。我的测试结果是 0.2，大概相当于 60 岁女性的 AMH 水平。

结果还不至于让人绝望，但也很让人惊讶。一切都已成定数——从那一刻起，我都不用再怀疑我是否有可能会有孩子了，因为我现在知道我不可能有孩子了，至少不是用我自己的卵子。当还可以有很多其他组建家庭的方式时，我特别不想执着于这一个失去了的机会；我也不排斥领养，但我当时并没有太多考虑领养这件事。我没有哭，也不记得告诉过父母这件事。

如果测试结果是 1.5，我可能反而会更难过，因为这就意味着我必须要在生还是不生之间做一个决定。这种几乎不可能怀孕的定局也让我没有了这个压力。我甚至都不能认为这是不公平的，因为我知道我年纪大了，有时候有些事就是行不通。我想到的是从此以后别人可能会觉得我很奇怪，他们内心深处可能同情我没有孩子。那才是真正让我难过的。

这个世界总有一种有趣的方式来讲透一件事。差不多在我了解了自己的“卵巢储备能力”的同时，白宫举办了一场国宴招待韩国。晚宴的安排并不适合闲聊；我们坐在一张亚瑟王式的长圆桌上，我和韩国总统李明博就隔两三个座位，对面是法伊弗。我是在座唯一一个女性，法伊弗还为此大笑，因为没人和我说话。

因为我经常会为国宴做大量准备，所以我知道坐在我旁边的人（好像是财务部长）有三个孩子，两个儿子、一个女儿。我便开始和他聊起了他的家人。他瞬间活跃起来，非常乐意和我聊他的孩子们。

但过了一会儿，我发现他并没有提到他女儿，所以我也问了问他的女儿。他回答道，因为他女儿30岁了，还没结婚，“按你们美国人的说法，她是‘老处女’了。”我把我手上戴着的戒指小心翼翼地移到无名指上，然后平安无事地度过了晚宴。

第六章

自信，理解并相信自己的直觉

SMILE

我之前有一个认真交往的男朋友马弗，在遇到 DK 前五年分手了，我认识 DK 和认识马弗的缘由都是一样：都是通过工作认识的。

有些人可能认为这太悲剧了。并非如此！而且，两个相识的故事非常可爱；马弗和我相遇时，我还在克里参议员的新闻和日程安排办公室做助理，他是克里团队在华盛顿办公室的实习生，我们当时来回相互传真一些材料，后来演变成在邮件上相互暧昧，再后来就开始约会了。而现在仍然没有出过一部叫《传真情书》[①] 的电影。

我和 DK 相识的故事更高科技一点。那是 2009 年末，我们当时的工作都做了还不到一年，我的上司吉姆·梅西纳（Jim Messina）正在忙内华达州一个叫“城市中心”的项目。这涉及到参议员哈里·里德，所以吉姆通过邮件把我介绍给里德参议员的助理戴维[②]，这样我们可以试着让美国总统参与到项目中来。至于这个助理，吉姆说了类似的话：“他很酷，只跟住在加州的女人约会，他还有辆保时捷。”好吧，一开始这可不是最好的第一印象。

DK 和我开始就项目的事来往邮件，有点暧昧，但不明显。我当时期待最终和他见面，但是没有真正具体的理由。有时候，有些感觉你通过和别人聊天就能感受到。

然后，圣诞节那天，在飞往底特律的一趟航班上，有人试图引爆藏在内裤里的塑料炸弹。我给戴维打电话，说我觉得这不是让总统参与到这个项目里来的最佳时机——让总统在这样一个时期来参加一个商场的揭幕仪式，说

---

① 作者这里借用电影《电子情书》（*You've Got Mail*），电影中男女主角通过网上电子邮件交流而心生爱慕，作者这里说和马弗是通过传真发展起感情来的，可以拍成《传真情书》（*You've Got a Fax*）。——译者注

② 作者的丈夫 DK 就是戴维·克朗（David Krone）。——译者注

不过去，所以应该推迟到新年。

其间，我们时不时就项目的问题发邮件，还聊了其他的事。我说了一些《救命下课铃》（*Saved by the Bell*）[①] 里的笑话，他居然都懂其中的笑点，这让我很感动。一切在慢慢发酵。

然后，在总统一月初休假后回到白宫两周左右，一场 7.0 级的地震袭击了海地首都以西约 15 英里的地方。

这场地震是毁灭性的。当白宫收到地震的新闻时，总统立刻安排救灾工作。根据白宫新闻媒体办公室要发给媒体的按分钟列出的时刻表，美国总统是 1 月 12 日下午 5:52 在椭圆形办公室听说了地震，到晚上 9∶00，他就坐在局势研究室里召开救灾工作的紧急会议了，救灾工作将包括部署上千人部队和 1 亿美元救助。他还安排一小部分人立刻前往海地协调相关工作：国家安全局发言人汤米 · 维尔托（Tommy Vietor）、国家安全高级顾问丹尼斯 · 麦克多诺（Denis McDonough）和我。

我毫不犹豫地答应了去海地，但我刚一答应，就吓坏了。我不敢相信我竟答应了会去；我都不知道那会是什么样的情况，只知道会非常非常艰难。

作为我去往海地前的准备工作之一，我给 DK 发了邮件，告诉他我要走了，如果“城市中心”项目有任何问题，就联系丹妮尔。

他问我要去哪里，我说海地。

他回复：“你必须安全回来，这样我可以带你去吃晚饭。”

!!!!!!!!!!!!!!!!!!!!!!!!!!!!!!!!!!!!

我知道我们之前一直在相互暧昧，我很确定这一点。但当我点开那封邮

① 1989 年的美国喜剧。——译者注

件时——即使是在不需要去灾区的正常情况下，我们在等待希望收到的邮件时往往会很紧张，我从电脑旁挪开了。我们之前从未见过面，也只通过一次电话。

我以为我们会乘坐喷气式飞机去海地，结果我在出发当天出现在白宫时，才发现是要乘坐 C-17——军队货运飞机。当这种灾难性的事情发生时，所有你在正常情况下认为理所当然的事（道路、自来水、机场）都停止运作，我们根本无法用其他方式前往海地。我之前告诉过汤米不用担心我们的日常所需，所以我出现在这架由海军陆战队驾驶的货运飞机上时，提了一大堆装满牛肉干和格兰诺拉燕麦卷等全食超市的货物袋。大家都穿着灯芯绒裤子和 Patagonia 的抓绒服。我们下车走向兰利空军基地时，我小声地跟汤米说："我们穿得跟琼妮和恰奇[①]似的！"都吓坏了。

我们下飞机时，天已经很黑了；大部分地方还没有电，好在机场的飞机库里还有点电，我们在海地的那段时间里，基本上全都是在机库里工作。我的工作是协调运输和其他后勤工作，但根本就没有办法去任何地方——我们得想办法去美国大使馆。最后是机场一个工作人员捎了我们一程。之后的五六天里，我们去任何地方基本上都是搭便车。我去海地前，菲瑞尔还特别担心，她给了我大概 30 包口香糖，紧急情况下可以用来换点有用的东西。我当时还觉得她疯了，直到后来我发现可以用口香糖来换取别人载我一程。

所有参与到救助工作中的人（有很多人）是在大使馆里并排睡在睡袋里，一周里没人洗澡。食物的话，我们有我的零食和 MRE，也就是军队即食餐，

① 美国电视剧《美好的日子》（*Happy Days*）和《琼妮爱恰奇》（*Joanie Loves Chachi*）中的角色。——译者注

是军队发给战区或其他缺粮地区的士兵的野战口粮。我前面也说了，我有肠易激综合征（IBS），所以这种情况下，我很快就腹泻了，这情况可不太好，尤其是你还得和 75 个人共用一个厕所，还不能洗澡。

这时，我开始喝红酒。红酒有助于缓解肠胃问题，当我们在海地的向导约翰 · 柯比（John Kirby）上校（现在他已经是国务院发言人了）听说我身体不舒服，就带我找了大使馆的特殊情况藏身室的管理员。之后，每晚我们都会用果汁杯喝一杯红酒，就着我们的即食餐，坐在睡袋上吃晚饭。现在我经常把红酒和团队、慷慨联系起来——这与当时凄惨、艰苦的环境形成鲜明的对比。我们当时在机场做的很多工作就是帮助人们找到家人，把尸体搬运回国。其间有一次，DK 还给我发了条短信确认我安全抵达海地，但我后来根本没有时间和心思想这件事。

一周后，我们乘坐另一架货运飞机，途经佛罗里达州，再转机（还没洗澡）坐上一架商务航班回到华盛顿特区。我们一下飞机，就去“苹果蜂”餐厅（Applebee’s）吃汉堡，当时也还是没洗澡，然后我们才回到各自的公寓，瘫倒了。

· · ·

第二天，我上班的时候，发现办公桌上有一封信。我当时仍然感到筋疲力尽、头昏眼花，但即便当时我头脑清醒，我也会被信的内容吓一跳。是两张礼品券，给我去四季青酒店吃晚餐、做 SPA 的。是 DK 送的。

!!

之前从没有男人在酒吧请我喝过一杯酒。现在怎么可能！我都想不明白

了。可能是因为我二十出头的那几年，看起来像是一个五年级的小男生，而在酒吧也只有女人才有可能有人请她们喝一杯。也许是因为那种颧骨高挺的温柔银行家突然出现，跟酒保说酒钱记在他账上的情节只存在于浪漫喜剧中，实际上却很少有这种事发生。也许是因为我一直遵循莱茵贝克高中年鉴纪念册上莫·曼尼诺（Mo Mannino）的话："每个人都有一个天使。"他的意思跟《美国下一位顶级模特》节目里说的意思可不一样——他是说"不要相信任何人"。一旦你把这句话内化吸收，就很难不对一个随便出现在你三米范围以内的男人持怀疑态度。

无论我如何随心所欲，和陌生人调情暧昧，往往都会事与愿违。大学毕业后，我和沃尔普斯合住在一个房间时，她的生日聚会在哈德逊街附近的一个叫 Polly Esther's 的酒吧里举办。这个酒吧据说是市郊的年轻人夜生活常去的地方，因每层演奏不同年代的音乐而很受欢迎——或被鄙视。除非是你非常信任的朋友，否则别人邀请你去一个每层演奏不同年代的音乐的酒吧时，要注意了——这表明了他不会对你有任何承诺。我同意去是因为一是沃尔普斯的生日，二是我希望在 80 年代的那一层听到一些《犯罪高手》（*Smooth Criminal*）这样的歌。我不是说我喜欢其他类型的酒吧或俱乐部——只是从酒吧或俱乐部里能感觉到一些可能性。

在 Polly Esther's，沃尔普斯和她来自花园城[1]的朋友们，还有我正在跳舞，这时，一群男生向我们靠近。沃尔普斯一向留意我的事，就建议当时穿着碧碧背心和喇叭裤的我去和他们跳舞。

我走过去后，他们告诉我他们是威尔士伞兵部队的，然后说这说那，而

① 科罗拉多州 / 阿拉巴马州的一个城市。——译者注

事实上他们既不是威尔士人也不是伞兵。我知道他们不是他们所说的那样，因为其中一个人走路送我回家时给了我他的电话，第二天沃尔普斯就鼓励我打电话 / 也调侃了我一番。等我打电话过去时，是一个女人接的电话，她表示很困惑，但绝对不是威尔士后裔。我不记得那个男人的名字，但我记得当我问有没有这么个人的时候，那个女人大笑。后来我就感冒了，沃尔普斯开玩笑说是威尔士病。

再说回来，DK 和我开始互通电话了。去拉斯维加斯的行程最终定在 2 月 18 日，我们计划在我在拉斯维加斯有空的那个晚上一起去吃晚饭。我带了一套我觉得卡丽 · 布拉德肖[①]（Carrie Bradshaw）可能会穿戴的装束：一件大口袋夹克、J.Crew 的毛衣、珍珠首饰、牛仔裤、高跟鞋。回想起来，我不知道为什么当时会觉得卡丽 · 布拉德肖会这么穿，因为当时基本上所有人都会这么穿。

重要的那天终于到了，我很紧张，也很激动，数着时间过。下午 4:00 左右，DK 打来电话。“嗨，”他说，“我跟吉姆 · 梅西纳说了，他会和我们一起吃晚饭。”

什么？我之前一直以为我是在被追求，算是我人生第一次被追，而他现在邀请了我的上司参加我等待已久的第一次约会？我是被戏弄了吗？

我给我的朋友们打电话说我绝不会再去赴这次约了。他邀请了吉姆，太让我难堪了，一点都不好。

她们跟我说别跟个小孩子一样，喝一杯伏特加螺丝起子酒，继续约会。如果我很不喜欢的话，随时可以离开。

---

① 美剧《欲望都市》中的主角，很时尚。——译者注

等我出现在餐厅时，毫无疑问，吉姆·梅西纳就在那儿。我很生气，但也很迷人。我点了牛排。虽然我在餐厅经常点牛排，但我觉得这次我是在表达某种态度，比如说："噢，是吗？你觉得这是一次约会？我只是来吃牛排的。"我记得他们两位点的是金枪鱼。

晚餐后，DK 走路送我回我们当时住的百乐宫酒店（Bellagio），问我下次还愿不愿意跟他出来。

"看情况吧，"我说，"是只有我和你呢，还是我需要把我所有的女性朋友也都带上？"

从那以后，我们就每周约会两次，直到 2012 年我们在达美乐店外订了婚。到 2013 年底，我们结婚了。（关于这部分内容稍后继续。别担心——并不全是童话般的故事。）

· · ·

我经常对我的感情生活是无动于衷的，至少大部分时间是这样。等你到了三十岁还单身时，大家总会在你身上映射出一些事。当我的朋友们都订婚或结婚了，而我却单身时，我并不会觉得沮丧。我在尽一份微薄之力帮助管理整个国家，游历世界，和优秀的人打交道。我慢慢地强烈认同这些经历带给我的独立。我知道，一个女人通过聊自己的感情生活来讨论自信，有点让人失望，但在某种程度上，DK 的追求对我来说是比较陌生的经历，比和智利旅游部部长在国宴上讨论峡湾问题更需要泰然自若的心态和自信。

在我整个成年后的人生里，每次换工作我总是很自信。经历了在美林证券当秘书的那（很）小段时间之后，我慢慢开始理解并相信我的直觉，我也发现自己的适应能力很强，意识到每一份工作都有一个学习曲线，需要自己主动去贴近这个曲线。你每换一次工作，即便不是去做主编、高级市场经理，等等，上班第一天总会紧张的。你依然还是会需要花一小时（或者两小时）的时间来思考应该穿什么。这些紧张情绪并不意味着你就会失败，而是为了让你准备好向前冲。

2004 年末我成为奥巴马的顾问 / 日程安排主任后，皮特·劳斯成了我的精神向导和导师。皮特在国会山工作了约 40 年，其中担任参议院多数党领袖的幕僚长很多年，是著名的第 101 位参议员[①]和国会山“山长”。他认识每一个人，但又不太喜欢和任何一个人讲话。和他一起在国会山过道里走，总会听他评论几句他觉得侵犯到他私人空间的人。没有人给建议的方式会比他更周全。皮特很精明能干，又能亲自回复每封邮件，建立人脉。他在白宫的安全代号叫“负鼠”，所以后文我会用“负鼠”来指代皮特。并且，他还很喜欢猫。

当我们到了参议院时，“负鼠”拟了一份他著名的“战略性规划”——冗长、周密的备忘录，费心地写着如何完成工作。在当时，这份规划是奥巴马参议员第一年的战略规划，可以总结为“埋头苦干，不作秀”。规划中包括多花时间在伊利诺伊州见选民上，少花点时间在华盛顿特区内部人员和名人身上。奥巴马可以接受这些。我们做的每一个决定都要经得起干累活 VS 作秀的考验。

奥巴马有一个政治行动委员会，叫“希望基金”，就在马斯大道（Mass

---

① 美国参议院共 100 名议员，作者这里是想突出皮特的重要性，就像议员一样。——译者注

Avenue）的哈特参议院办公大楼所在的街那头。“希望基金”做的项目是让更多有多文化背景的年轻人参与到社区组织和政治中来，同时也管理奥巴马的政治参与活动。当“希望基金”的政治主任即将离职去巴黎时，“负鼠”觉得我应该顶替上去，当时我在参议院办公室也才工作了一年多一点。

一开始，我还挺兴奋的。我觉得“政治主任”是一个很棒的头衔。如果我说我实际知道具体要做什么工作，那我肯定是在撒谎。但我相信“负鼠”知道什么是最合适的。

在给我提供这份工作前，我一直和法弗斯、汤米·维特、“负鼠”以及吉布斯在参议院的办公室里工作。我很喜欢在那里工作。我们的办公室就在奥巴马参议员办公室的后门附近，他可以经常出来看看我们。有时，他会过来谈政策的问题；有时他会过来跟男士们聊聊体育。（奥运会期间，我也会插上几句关于体操、游泳和滑冰的话，但也仅限于此。）有时，我们会为玛丽亚·凯里（Mariah Carey）[①] 争论两句。（争论的具体内容保密。）我觉得就是在那儿，我们建立起了很好的关系。

“马拉松式连续投票”[②] 期间的一个晚上——参议院休会前经常会发生这种情况，为在休会前把所有事都做完，议员们就一些问题到半夜还在投票——奥巴马议员从后门出来，正好撞见我在地上做仰卧起坐。大部分议员肯定会被吓一跳；但奥巴马说：“挺好的。”通常，过完糟糕的周四，到周五早上，汤米、法弗斯和我会去餐厅要一份法式吐司。周五晚上，这几个哥

① 著名美国歌手。——译者注

② 美国国会对预算法案进行审议讨论表决时，如果有分歧，无法形成预算共同决议时，美国参议院允许就预算决议案提交几乎不限数量的预算修正案，并进行投票，直到所有修正案都处理完毕后才就最后的预算决议进行投票。——译者注

儿们和我会在京都餐厅吃一顿7美元的“疯狂套餐”（天妇罗、寿司和照烧）。

回想起在奥巴马参议院办公室的这些美好的时光后，我崩溃了。未来要搬到三个街区外的“希望基金”工作让我内心充满了恐惧。

为什么呢？我有很多不充分的理由。我很高兴能升职，但这绝对是在我的舒适区以外。我不喜欢和不认识的人聊天，但这份工作会让我负责我们为2006年中期选举准备的政治活动；我还要维护好奥巴马的形象和人脉关系。职责太多，这将会是我第一次崭露锋芒——也会是我第一次体验做领导。我也没觉得“希望基金”的同事们会因为我要去那里上班而很兴奋。我没有理由这么觉得，但这不重要！

我花了好几周的时间来过渡。每次有人问我为什么还在参议院办公室，我都能找到不同的借口，但都离不开“还有几个项目在做扫尾工作！”类似的内容。我以为我骗过了所有人——直到有一天，“负鼠”叫我去他办公室，问道：“你怎么还在这里？！”

他刚一问，我就开始哭了。没错，我大哭了一场。但一般来说，我觉得在上司面前哭还是不太好的。如果你真的因为某件值得有强烈情绪的事而释放情绪，没问题，但最好的情况你也会给别人留下“敏感”的印象，最坏的情况自然是会让人觉得你在用眼泪来获得你想要的东西。我跟“负鼠”说我害怕离开；他跟我说我有一个小时来打包我的东西，去“希望基金”办公室，离我们7美元的“疯狂周五”和所有朋友们三个街区远。

这本不是什么大事，对我来说却是。我争论说我可能对于参议院办公室太重要了，不能离开，奥巴马需要我在他身边（其实他不需要），我最好是留下。“负鼠”再一次、更大声地叫我离开办公室，开始我新的工作。他很生气。我知道他决定把我调过去，一部分是因为会对我有益——毫无疑问，我去“希望基金”会成长，练就一身新的技能。而我成了我自己最糟糕的敌人。

我写这本书的主要目的之一是让你觉得承认有一些看似愚蠢的感受或者做一些看似愚蠢的事是没关系的；一旦你承认了，你就能不再纠结，继续你的人生。所以，我不想去“希望基金”的真正原因就是：“希望基金”的员工从 2003 年参议院竞选开始就一起共事了，他们彼此都是朋友了，我真的不想成为那个新加入的小孩。

通常当你害怕某件事时，感觉好像你害怕的事无论如何都不可能真的会发生——就好像某个幸运女神一定会趁机出现，及时制止你担心的事发生。你没复习好的测试会被调到下一周；你一直想跟男朋友分手，不知怎么说出口，而有一天他会告诉你他决定要搬去印度，开启全新的冥思生活，但会永远爱你，记得你们在一起的时光；你会发现公寓的蟑螂原来是你室友在做的艺术项目的一部分，所以你不需要跟房东争论这个，也不需要给职业灭虫员打九次电话找人家来，已经好几周不敢晚上上厕所了。

这一次“幸运女神”差点没出现。我打包好我的东西，搬了过去。

我花了好几周才感觉适应过来。2006 年 5 月下旬，雷吉 · 洛夫也来“希望基金”了，成了我的副手。雷吉一年前刚从杜克大学毕业，大学期间他一直是足球队和篮球队的明星，“负鼠”聘他在参议院办公室当实习生。在我刚意识到我的工作量实际有多大时，我就知道我需要一个得力助手，雷吉就是这个得力助手。他开始和奥巴马一起跑一些复杂的政治行程，帮我做一些外联工作（确认支持者、追踪选举情况等）。

奥巴马当时也是参议院外交关系委员会的成员，那年夏天，第一次去了非洲。吉布斯和我们的参议院外交委员会工作人员马克·李伯特（Mark Lippert）负责那次行程，吉布斯和我重点负责政治活动行程以及奥巴马《无畏的希望》（*The Audacity of Hope*）一书的巡回签售会的策划，签售会将于 9 月份开始。

奥巴马在非洲期间，我就为 2006 年的中期选举起草了政治规划。起草一份政治规划基本上就是整理出年度人物 / 事件 / 时间：奥巴马务必要见的重要人物，必须要规划好的重大活动，如何把所有的事都合理地衔接到一起。这样到年末你就可以说："我们计划要完成 XYZ，实际上我们也做到了。"（或者没做到）这也是一个确保大部分高层人员和奥巴马在大目标上保持一致的好方法。就奥巴马的情况而言，我们都觉得中期选举是他真正成功的机会——我们都看到了他有多受欢迎，收到了大量的邀请；我们希望他能借着这股势头代表民主党成为国会议员竞选的主力。

我们的政治规划包括把他引见给工会领袖、全国各州党派活动分子以及我们称之为"冉冉升起的政治新星"——一些和几年前的奥巴马一样的人。(其中一个人是埃里克·贾西提 [Eric Garcetti]，他现在是洛杉矶市长；还有一个是塞西莉亚·穆尼奥斯 [Cecilia Muñoz]，当时在拉丁美洲人权运动组织——墨西哥 - 美国国家委员会工作。）我们想确保，除了那些要来见奥巴马的名人外，奥巴马还能有时间去见那些不太知名的思想领袖。奥巴马本人也觉得这一点很重要。

很多和我做类似工作的人可能都不会把这样的规划书面写下来。这个规划很宏大，也很复杂。但我是受过"负鼠"备忘录培养的，而且我觉得"负鼠"和吉布斯会想看我的规划。规划的名称为"不竞选总统的最佳候选人的政治规划”。

· · ·

奥巴马刚从非洲之旅回来，他的出版社就开始给他打电话了。他的签售会活动门票一场一场地全部售罄。出版社问有没有可能将签售会换到一个大一点的活动场地。

除了《无畏的希望》签售会，我们还优先安排了政治出行活动和“希望基金”出行活动。竞选众议院和参议院议员的每个候选人都想要奥巴马帮他们宣传活动。艾奥瓦州的汤姆·哈金（Tom Harkin）参议员邀请奥巴马参加他们一年一度的炸牛排募捐集会——如果你想竞选总统或是想获得全国关注，这是你一定要去的活动。事情慢慢变得疯狂了。

奥巴马一直很坚定果断（如果他动摇了，那他基本上是在开玩笑）。有一次，我们正在纽瓦克市为科里·布克（Cory Booker）做一次活动。我们原计划乘坐大陆航空飞往普罗维登斯（Providence）[①]，我们在那里为正竞选参议员的谢尔登·怀特豪斯（Sheldon Whitehouse）安排了一场筹资活动。结果科里·布克的活动刚进行到一半，我们就收到通知说大陆航空的航班因天气问题取消了。

糟糕！我马上打电话联系私人飞机、直升机或者任何可以把我们送去普罗维登斯的方式。因为如果有参议员找到机会和奥巴马参加活动，那他们真的会很期待，能够募集到更多的资金，现场气氛也很火爆。

打了几个电话，似乎无济于事。我们无法在这么短的时间内找到一架私

① 美国罗得岛州的首府。——译者注

人飞机或直升机。坐火车花的时间太长。但即便我们完全可以找借口取消活动，而且这么做也更容易，但奥巴马不想让谢尔登·怀特豪斯失望："我们不能让朋友失望。"他建议我们租车。在曼哈顿的高峰时期，还遇上坏天气，我不用开车，但我可以确保能找到车，我和奥巴马就一路坐在后座看着《人物》杂志去了罗得岛州。

我、吉布斯、雷吉以及"希望基金"的财务主管珍妮·耶格尔（Jenny Yeager）和乔丹·卡普兰（Jordan Kaplan）几个人轮流组合陪同奥巴马在全国跑了两个多月。珍妮和乔丹负责筹资，是奥巴马竞选参议员时的原班人马；乔丹负责西部，珍妮负责东部，现在两人结婚了，还生了三个孩子。太棒了。那段时间每天晚上回到酒店时，我都会累晕过去，但给奥巴马的回复还是充满了兴奋。

我们经常待在一起。我和乔丹会在车里唱歌，这让奥巴马很抓狂——他经常会和志愿者司机坐在前面，我和乔丹就好像长途旅行中坐在后座的小孩，不管收音机里放什么，都跟着唱。有一次，我们在费城的郊区嚎着一首"摩城"的歌，奥巴马打断了我们。他说："你们俩非得这样吗？"我们立马闭嘴了。我们不知道是否闯祸了，感觉是这样。但过了一会儿，沉默被打破，他告诉我们可以接着唱了。还有一次，我们吃饭时，给大家上的都是奥巴马通常在路上吃的烤三文鱼和糙米健康餐，他注意到我的饭菜并没有动。"你不吃点东西吗？"他问道。我已经吃厌了烤三文鱼配这么一种复杂的碳水化合物，吃不下了。于是我跟他说不吃了，食物太单调了。"食物可以补充能量。"他答道，然后又接着吃他的晚饭了。

奥巴马也喜欢八卦我的感情生活（或者说因为工作忙没有感情生活）。

有一次，我们在洛杉矶劳伦斯·本德（Lawrence Bender）家中参加一个活动，吉布斯和我坐在房间里看手机，这时奥巴马走了过来，跟我说他给我“物色了一个人”，我应该“别待在沙发上，过来社交”。

结果他给我物色的人就是劳伦斯·本德本人——制作了《难以忽视的真相》（*An Inconvenient Truth*）、《落水狗》（*Reservoir Dogs*）等电影，后来还制作了昆汀·塔伦蒂诺（Quentin Tarantino）导演的所有电影。我感激奥巴马看得起我，但我也很确定劳伦斯·本德不会对我感兴趣，甚至都不会明白为什么奥巴马要把我从沙发上拉起来去跟他谈话。所以我就继续坐在沙发上了。

· · ·

10月末，竞选变得越来越严肃。有一天早上5点左右，我接到时任民主党选举委员主席的拉姆·伊曼纽尔（Rahm Emanuel）打来的电话——他的工作是为更多民主党人士争取到众议院和参议院的席位。他告诉我约翰·克里在为国会候选人助选时说了一些疯狂的话，希望能在2008年再次竞选总统：他对加州的一群学生说那些没法引导好国家教育体系的人会“去伊拉克当炮灰”。

说出这样的言论确实很不幸，共和党果然反扑。他们试图让这句话听起来像是约翰·克里觉得我们的士兵很笨——没受过教育的人最后只能去当兵。这绝对不是克里的本意，但这已经不重要了。布什就曾通过把克里刻画成一个冷漠、不爱国的人，赢得了2004年的大选。克里这下惨了。蒂姆·沃尔兹（Tim Walz）（来自明尼苏达州的候选人）取消了克里在曼卡多的活动，拉姆还让奥巴马和希拉里・克林顿去顶替那一周给克里安排的所有活动。

拉姆和我讨论可以在奥巴马接下来几天的行程里加上三四站。现在就是要激发肾上腺激素、兴奋起来的时候了。我们要单打独斗地赢回民主党在众议院和参议院的席位。就像是整个国家最终都在对抗布什和共和党似的，一些愚蠢的失态言行不会打击我们的势头。我们要奥巴马带头冲锋。

我找吉布斯和"负鼠"谈了谈，就所有添加的行程达成了一致意见。我们在国会选举日前会进行一次大巡回——密苏里州、艾奥瓦州，再去一次田纳西州，我们甚至还会去阿肯色州为毕比州长竞选助力。除了比尔・克林顿，在阿肯色州民主党人士的宣传需求不大。我走进奥巴马的办公室，跟他说了新的安排。

"你是为谁工作？"他问道，"我还是拉姆？"

我没有接他的话。我的工作就是相信自己给出的建议。现在就是他的重要契机，我们要抓住这个机会。

"拜托！"我回答说，"我们必须得赢！"

他笑了，说那当然。然后我们就又继续上路了。

我们在芝加哥忙着选举夜的工作，在瓦克大道上的希尔顿酒店稍微布置了一下，奥巴马会在这里看即将公布的选举结果，还能够接受现场直播访问。最后的那几个小时里，我去了密歇根大道的布卢明代尔百货公司，买了一双非常合适、非常成熟、非常有政治领导气质的艾萨克麦兹拉西高跟鞋。我其实不需要（奥巴马的装扮也不正式），但我脑海里有一个《白宫风云》的小剧场，我就是里面的主角，而在这个画面里，我穿的可不是明尼唐卡的鹿皮软鞋。

民主党压倒性的优势大概从晚上七点开始。奥巴马当时正在接受采访，我们给很多候选人打电话，祝贺他们（并悄悄地认为他们的获胜也有我们的功劳），要祝贺的人实在太多，我都没有足够的手机用。我们都很高兴。一路上，我们见了一些真的非常优秀的候选人和一些对公共服务很用心、绝对可以给政府带来积极影响的人，感觉真的很好。我不再对我的工作感到不自信；我应付自如，一路上也获得了需要的帮助。

奥巴马依然坚定地认为他没有考虑2008年竞选总统，只是努力在为2006年竞选的这批议员奔走。但我们这些人就没那么坚定了。我知道，如果我们要成立一个总统竞选考察研究委员会[①]，我必须要做好准备。

· · ·

当大家都想让你做某事，而你还没有答应的时候，这就是最好的时机了。很多我们合作过的众议院和参议院的候选人都说奥巴马应当竞选总统。一些政界前辈都说他们自肯尼迪以来从未见过谁有奥巴马这样的号召力。确实，这些话很难不进入你的脑海里，但你不能让这些占据你的大脑。风靡一时和拥有持久实力之间是有区别的，我真的相信奥巴马并没有轻信这种对自己天花乱坠的宣传。

在那次中期国会选举中，我们为32名候选人助力，其中31人赢得选举（抱歉，哈罗德·福特[Harold Ford]）。在这一过程中，我甚至还有了一个约会对象：我们在艾奥瓦州的炸牛排集会上，发生了一次严重的龙卷风，航班取消了，

① 一般是指在初选前成立的委员会，为潜在候选人研究竞选的可行性，决定最终是否要竞选。——译者注

所以吉布斯、乔丹、奥巴马和我从艾奥瓦州的埃姆斯租了一辆“PT 漫步者”车，开往芝加哥。我们在赛百味停下来吃了个晚饭（奥巴马建议的），然后奥巴马开始问我有没有注意到哈金手下的一个工作人员似乎对我有兴趣。我说没注意到。我们回到车里继续上路。最后，奥巴马转过头来跟我说：“听着，他真的喜欢你！你必须给他发邮件，如果你不发，我会给他发。”

对我来说，不幸的是，参议院里的人，邮箱地址都非常容易猜出来：名_姓 @XYZ 参议员的名字 .senate.gov。所以我给他发了邮件，然后我们约了几次会。

中期选举日结束了几天后，奥巴马受邀在新罕布什尔州百天晚宴（跟哈金的烤牛排集会类似的活动）上做主旨演讲。如果你有想过要竞选总统，就得去参加这个晚宴。

大家让奥巴马去竞选总统的行动有了一些进展。在“希望基金”——我们也把它叫作“希望洪浪”，因为每次一下雨，办公室就会变成一个 74 平米左右的湿地；我们中有一个人还得随时待命，把所有放在地上装着《无畏的希望》的箱子搬起来，以免被水浸湿——就像圣诞节前圣诞老人的工作坊一样到处堆满了东西。奥巴马同意和我们一小部分人见个面，谈一下竞选总统的事。“负鼠”甚至还叫来了朱莉安娜 · 斯穆特（Julianna Smoot）（她曾帮助领导民主党参议员竞选委员会赢得 2006 年民主党的胜利）来讨论竞选的事。谈到这个事时，一直都要带一句：“如果竞选的话”。尽管如此，我们还是开始讨论竞选总统的事了。

我们是在芝加哥阿克塞尔罗德的办公室开的会。他给奥巴马做了多年的顾问，一开始，会议只有吉布斯、斯穆特、阿克塞尔罗德、“负鼠”和我。

一路上我们还接上了一些人——戴维·普劳夫、史蒂夫·希尔德布兰德（Steve Hildebrand）、瓦莱丽·贾勒特——尤其是在一开始，我们说了很多竞选工作会有多难，多辛苦。与希拉里·克林顿（她的运作团队、她的金钱）竞争会有多难。奥巴马对于我们能否建立一个可以战胜希拉里的运作团队持怀疑态度。

就在圣诞节前，奥巴马说他要去夏威夷，回来之后会告诉我们他的决定。这一过程我也是如坐针毡。我之前说过，我之所以在奥巴马团队供职在于我不想再继续做总统竞选的工作了，但我发现我现在是真的很想成为奥巴马的总统竞选团队的一员。约翰·克里决定竞选总统的时候我并不在，所以我也不了解他的动机，但看着奥巴马的思考过程，我就确定他竞选总统一定会为了正确的理由——为了影响国家，带来真正的变革。我想，即使我们输了，我们所做的一切也都是出于正确的理由。

每当我的朋友们或家人问我奥巴马是不是真的在考虑竞选总统，我都会假装什么也不知道。我开始“隐居”，大部分时间都待在公寓，把所有需要准备的都检查一遍，一旦奥巴马从夏威夷回来说：“我们竞选吧。”我需要能马上启动所有事情。我客厅里到处都贴了纸条。

· · ·

2007 年 1 月 16 日，“希望洪浪”成为奥巴马竞选探索委员会[①]的总部，那是我人生中最兴奋、最刺激的日子。重新设置传真机，写上“奥巴马竞选

① 在美国，一般政治竞选时，有意参选团队会设立一个竞选探索委员会（Exploratory Committee）研究候选人参选的赢面，来帮助候选人最终决定要不要竞选相关公职。——译者注

探索委员会”，真让人欢欣鼓舞——我知道，这听起来很荒唐，但真的是这种感觉。我花了几周，“与世隔绝”进行头脑风暴准备各种问题的努力没有白费。我把所有需要做的事列成了一个详细的时间表。（重新设置传真机是其中一项。）一开始，“希望洪浪”很简陋，但后来变成了年轻的筹资职员的临时工作室，因为我们没有富余的办公桌，所以他们只能把笔记本电脑放在腿上办公。我当时还是“希望基金”的政治主任，但很快就会改变了。

我们全都开始在克格雷网站上找芝加哥的公寓。一室的房都又贵又差，但带两个卧室的又有潜在租户，比较抢手。我看到斯穆特在办公室一角和捐助人打电话；我立刻就像看见猎物一样看着她。找一个成熟的成年人做室友，将开启我美好的合租生活。

当她经过我的办公桌时，我转过身，用我最随意的声音问道：“嗨，朱莉安娜……你想好在芝加哥要住哪里了吗？”

“没有，”她回答道，“我完全没概念。”

我的机会来了。我问她愿不愿意和我做室友。

“好。”她说。

“我还有一只猫。”我说道。

“好。”她答道，然后走了。

斯穆特没有时间寒暄。她刚听说我们的政治邮箱数据库里有大约 1 万个联系人。我觉得这是好事；雷吉和我一直都非常机灵，奥巴马那个夏天参加的所有活动，我们都要到了很多邮箱地址。但很显然，还是不够。

我开始找短期的精装公寓——毕竟，我知道大选前我们会在这里待上整整两年的机会是很渺茫的。我们都很积极努力，但最终奥巴马成为民主党总统提名候选人的可能性并不大。

我正准备结束在华盛顿的生活的时候，我最好的朋友卡拉正在筹备婚礼。她的新娘送礼会和单身周末就在我们成立奥巴马竞选研究委员会后的那个周末举行，我是伴娘，需要乘飞机过去。在去往巴尔的摩机场的列车上，我正在参加一个电话会议，讨论奥巴马应在什么活动上宣布自己竞选总统。一讲完，我的电话就掉线了。但我已经快到机场了，所以我觉得等我过了安检，可以听一听汇报。

等我到了机场，正排队过安检，我的电话就响了。是阿克塞的一个合伙人，拉里·格里索拉诺（Larry Grisolano）打来的。他告诉我大家的决定：一开始我们计划在斯普林菲尔德做一个活动宣布竞选，然后再去隔壁艾奥瓦州做一次，但他们最后决定在斯普林菲尔德做一场，艾奥瓦州做三场，新罕布什尔州做一场，芝加哥再做一场。三天内完成。

那个时候我是探索委员会里唯一一个负责日程安排和推进执行的。我们甚至都还没有信用卡。规划这一切就又都要落在我的头上了。

我问他是不是想说他们想给三周后开始的整个行程包一架飞机。是的，这就是他准备要说的。他们想带着记者和一些支持者、朋友、家人一起，这就不可避免地需要更多工作人员随行。我知道我要考虑的是比预估多出30~40个人的后勤安排；我还需要在短时间内找到一架足够大的飞机，并确保飞机能在靠近他们所选的城市附近的机场降落，确保这些机场的舷梯能对接上我们租的飞机舱门，而这往往不太可能如愿以偿。

我坐在机场的地上，开始失控地抽泣了。我无法相信他们居然这么不在乎这意味着多大的工作量——不仅仅是工作量，简直需要有魔法才行。机场安检人员不得不过来处理我的问题，问我出什么事了，我说我需要包一架飞机，但没有信用卡，也没有舷梯。他们像看疯子一样看着我，然后走了。

我还需要能够协助我的人手，去哪里找到人更是一片迷茫。当时所有干日程安排和执行推进这一行的人几乎全是从 20 世纪 90 年代克林顿竞选时起步的。希拉里团队已经开始招募工作人员了，他们给这些人传递的信息也很明确：你要是为奥巴马干，我们会让你死得很难看。我完蛋了。我能传递的信息是：“亲爱的上帝，请帮帮我。我相信你也可以完成希拉里的活动，但请帮帮我，拜托了。”

周末还要去参加这样一个闹哄哄的单身派对，这可能是最不合适的时机了。我在奥尔巴尼降落，搭上了伴娘的白色小型面包车——“迷你厢车”，我协调了其余人在波基普西和莱因克里夫火车站到达的车次以及接站事宜。我妈妈负责所有的酒，我爸爸做卡拉最喜欢的比萨。我唯一关心的就是要让这个周末很顺利，我知道要让这周末顺利度过就是找人帮忙、发号指令。

我们租的房子里没有手机信号，因此我每天早上 5 点起床，去我从小成长的家（很方便，就在街的另一头）去查看邮件和手机短信。我回复了所有的内容，告诉大家我什么时候会归队。我一直都备着一个清单，随时更新我需要做的和已经做完的。在我写这段的时候，我感觉需要向卡拉道个歉，那个周末我状态可能不太好。

回到新娘单身周末：我们吃吃喝喝，坐着“迷你厢车”到处逛。我记得除了周六晚上我提前晕过去后露了点马脚外，一直还是比较冷静的。至于包机和奥巴马宣布竞选的活动，在完成第一天一整天的活动后我就搞定了。我们在艾奥瓦州的时候住在阿美瑞辛酒店，我跟着奥巴马走在走廊上时，他回过头来说：“你还挺为自己骄傲的，对吧？”

第七章

谦逊，事情难免出错，你要努力继续你的人生

SMILE

2008 年奥巴马成为候任总统时，我们团队进行了一次大洗牌。在大选日和就职日之间的那段时间叫作“过渡期”，这一段时期协助候任总统的有两个团队：总统过渡团队（PTT）和总统就职委员会（PIC）。

大家彼此都是朋友，包括奥巴马，尽管我们是他的员工，但他在工作中一直保持着一种随和的氛围——甚至在危机时期也是如此。有一次他问我是不是在生他的气，因为在参议院的时候，我经常叫他“奥巴马议员”，而不是直呼其名“贝拉克”。他是一个不拘泥于礼数的人；后来，他当了总统，我做了副幕僚长，当我们要去开会或者参加活动，南希 - 安 · 德帕尔（Nancy-Ann DeParle）和我一般都不会和他坐同一辆车——这样我们既能完成自己的工作，也能给他一点私人空间。结果他后来很沮丧，问南希是不是不喜欢和他坐同一辆车。（南希告诉他，她是觉得他可能需要一点自己的时间。）但我在 2005 年初开始为他工作时，他还只是代表伊利诺伊州的一名年轻议员，是参议院最年轻的议员。如果像我、法弗斯和汤米这样的人在特德 · 肯尼迪（Ted Kenney）、罗伯特 · C. 伯德（Robert C. Byrd）这样的知名资深议员前都可以直呼他“贝拉克”，那别人又有什么理由尊重他呢？（最后我们达成一个协议，在其他议员前，我叫他奥巴马议员，但其他情况下叫他贝拉克。）

在过渡期，我是在总统过渡团队工作，但我同时也负责总统就职委员会一部分的工作。这对我来说不是最理想的：能去总统就职委员会是 2008 年总统竞选工作中锦上添花的事。为第一任非裔美国总统的就职仪式做准备，在我看来，没有比这更重要、更让人兴奋的了。但奥巴马已经让我和他一起待在芝加哥，在总统过渡团队工作，同时关注总统就职委员会的工作。我知道待在芝加哥是我能为我老板做的最重要的事（毕竟这不是我的就职仪式），而且我在竞选团队时的副手埃米特会是总统就职委员会非常优秀的执行主任，所以我也就很轻松地放手了。

但总的来说，那是让人非常焦虑的一段时期。首先，两个团队的工作都不是长久的工作。你会竭尽所能地做好你现在的工作（不管是在总统过渡团队还是在就职委员会），但同时又忍不住担心可能不经意间就错失了在总统就职后的政府内瞄准一个岗位的机会，因为你的精力全放在候选总统急需的事务上了。你只能心存信念了。

第二，竞选刚结束，部门主任（我也是其中一个）会收到一个表格，要给部门的员工打分。不像在常春藤大学——咳咳——你可以只给 A、B 系列的等级。我并不太清楚我给他们打的分会有什么用途，或者说会对我手下的人之后的分配产生多大的影响，尤其是我不赞同要给别人打“C+，C，C–”！所以我对打分这事感觉不太舒服。有流言说是在之前的政府，日程安排和推进执行团队的员工在重新洗牌后结果都不太好，没法在白宫获得一份好工作。所以我不仅为自己担忧，而且我还得保证我的团队都能保住。

除此以外，去华盛顿特区的总统过渡团队办公室，感觉像是去监狱：你走进去，把身份证递过一个塑料障碍，然后坐在刺眼的灯光下、难受的塑料椅子上等着某个人过来“护送”你进去，还得过安检。有一天我走进去，看到普劳夫看起来像在等着被提审一样。当然总统就职委员会的办公室也没好到哪里去，在华盛顿一栋老建筑里，交通不便，暖气不足，当时还是大冬天。标准的着装就是在一套正装外再套个连帽衫。

11 月、12 月大部分时间我都待在芝加哥总统过渡团队的办公室里，奥巴马大部分时间也待在这里，这里比华盛顿特区的办公室稍微好点。在这里我们可以开会讨论内阁职位的最终候选清单，哪些人需要来和奥巴马见个面。我们还集思广益讨论了每个岗位的最佳人选，列出就职仪式要邀请的人员名单，体验了一下在政府工作的感觉。

作为纳税人，看到总统过渡团队里没有“娱乐”预算项目，你肯定很高兴。但作为一个政府工作人员，你就没有办法花饮食费用，或者当办公室的人都感冒了，你给大家买纸巾的钱又无法报销。对于总统过渡团队的员工，这就意味着，我们没有杯子或者水壶接水招待人，这似乎在你的必需品中是最不需要的，但我们那个办公室需要和很多人开各种大大小小的会。有一次，因为我们要和时任参议员的希拉里·克林顿开会，菲瑞尔没办法，只好冒着暴风雪去万能卫浴寝具百货（Bed Bath & Beyond）买水壶、餐具、矿泉水和苹果汁。我们现在都不知道当时买苹果汁的想法是从哪里冒出来的——希拉里议员当时也绝对不是幼儿园的小朋友，不过这不重要。菲瑞尔抱着这些东西回了办公室。之后的每天晚上，她和我都会把水壶和叉子带回家去清洗，因为办公室唯一的水池是在厕所，水池太浅，也没热水。

我们在竞选期间有的所有支持，甚至在参议院时的资源，都被剥夺了。我们当时根本就不觉得去白宫上班了有多么了不起。奥巴马当时要召开一个经济会议，听说是彼得·欧尔萨格（Peter Orszag）的生日——彼得即将就任行政管理和预算办公室的主任，奥巴马想买个蛋糕，我们所有人能想到的就是：“啊啊啊，盘子呢？！”

与此同时，我还和米歇尔·奥巴马的办公室副主任梅尔·温特（Mel Winter）一起协调就职仪式的一些工作。梅尔和我需要学会如何做Excel表格，这样可以制作朋友家人宾客列表。（不要笑，当时是 2008 年。）梅尔大声念出总统和第一夫人手写名单中的名字，我来录入。我们经常这么做。有一天，我们正在做总统家人的名单，他的家人都会从国外飞来。梅尔大声念道："奥邦国 · 奥巴马（Abongo Obama）。"我问道："是以 A 开头，还是以 O 开头？"因为办公室很小，奥巴马听到了我们的对话，喊道："你是在拿我的家人开玩笑吗？"

他只是在跟我们开玩笑。不过，每当奥巴马经过时，我们不再是说"嗨"，然后继续工作——我们会起立。他会让我们坐下，但我们经常会站着。

· · ·

11 月末，我被提拔为总统助理和日程安排及推进执行部门主任；12 月初，我就从芝加哥搬到了华盛顿。

回到华盛顿感觉很陌生。我真的很喜欢芝加哥的生活，如果不是我们赢得了大选，我可能会继续待在芝加哥。我的公寓是在华盛顿最无趣的地方——西北部第十三街和 M 街的一栋新楼里，但步行即可到达白宫，所以我看都没看就签了租房合同。我喝了两杯香槟就把买的家具从 Crate & Barrel① 搬了回来，经过这么多年的多次搬家后，这算是我拥有的第一套真正的家具。

我到华盛顿上班的第一天，把车停在总统过渡团队办公楼前时，看到乔 · 保尔森（Joe Paulsen）站在门口角落，好像是要打车。乔是在艾奥瓦州时开始加入竞选团队的。党团会议结束后，我对他印象很深刻，于是叫他来芝加哥在我的团队工作。我让他处理一些非常复杂、敏感的情况，比如总统

---

① 美国著名家居品牌。——译者注

辩论委员会的后勤工作。等我下了车，我们俩拥抱了一下，我问他在干什么。他真的非常疲惫，也确实是要打车。但不是为他自己打车——是为他的新上司，国家安全团队的某个我从来没听说过的人。我有点震惊。“戴维·普劳夫会自己给自己打车呀。”我心想，“那乔到底是在给哪个自大的无名小卒打车呢？”

这就是在华盛顿的过渡阶段的一个缩影：我看到之前很有才华很能干的人却在帮别人叫车，打印复印材料。我内心开始有点沉重。难道以后就是这样的？

有一点儿。有些“老兵”（那些在之前的政府工作过的人，不太尊重我们这些新来的）似乎很高兴能重整旗鼓继续工作。许多在华盛顿总统过渡团队的人之前都是克林顿的员工，很高兴能再继续多工作一段时间，但对奥巴马的团队并不太友好。我记得其中一件主要的事情是他们用一些我们不懂的缩略语：“概前”（BLUF：Bottom Line Up Front 指的是把总结概括的话放在最前面，方便快速浏览做决策）是最主要的一个。他们会过来找你说：“给我一份‘概前’。”我们就会彼此看看，用唇语问道：“你知道那是什么意思吗？”在这个办公室里，我常常会胃痛。

两年竞选以来，普劳夫一直带领着一支有组织性但又非常开放的队伍，正因如此——因为他平等地对待每一个人，从没有人无事自扰或者为权势而耍手段。我们竞选是因为坚信我们真的可以实现改变。但普劳夫也几乎没做过与总统过渡时期相关的工作，所以我们刚一到华盛顿——这里等级制度和父权明显，感觉这里还是像过去那种亲密的白人兄弟情谊俱乐部。如果你曾效力过好几届政府，这些老派政府里的老伙计们会觉得你的事业非常成功，对你印象很深；但如果你只是参加过一场竞选，即使实现了许多人曾觉得不可能的事，他们也不会对你有多大的认可。这对我可不利。

他们对我的态度就好像是我都不知道自己在干什么，尽管这些人效力的都是 9 · 11 事件以前的总统，他们不知道特工处在考虑安全时允许你做的活动在 9 · 11 事件前后已经完全不同了。我的工作需要更多创造力，需要为开展一些有影响力的重大活动做计划——尤其特工处更不愿意和我们第一任黑人总统一起去参加一些哪怕风险很小的活动。

在我们竞选的两年时间里，我的团队和特工处建立了非常好的关系，而且我知道未来我们还有很长的时间要合作。所以当电话会议上有人提议说，奥巴马要在乔治 · 华盛顿大桥上做一个活动时——没错，站在桥中间，我毫不犹豫地说：这行不通。即使我是对的，我都能想象到电话那头的其他人在翻白眼；实际上，有些人直接忽视我，继续说。我永远都不会知道究竟是因为我是一个 32 岁的女性，还是因为我只有 32 岁，抑或是因为我的简历上没有“白宫”的经历，反正每次征集意见的时候，我的观点往往都不受重视。

有段时间，我自我防御心理很重，也感到很不自在。我的工作需要依靠信息，而在这里我又不知道从哪儿或者如何获得这些信息。有一天，戴伊和我在讨论勾勒总统就任后第一个一百天的计划。拉姆 · 伊曼纽尔（即将就任白宫幕僚长）听到了我们的谈话，说道：“莫娜有日程安排的表格日历。”这倒是挺让人惊讶的。这种日历一直是我俩负责管理——这东西就像是排程员的圣经，也不是每个人都能有。而且我们都不知道莫娜是谁。

后来我们得知莫娜即将就任白宫负责政策的副幕僚长。这很好，但是为什么她会有我们的这种表格日历呢？为什么拉姆会让她做日程安排呢？等到莫娜两年后离开白宫时，我们已经成了好朋友，我亲切地叫她“莫莫”，不过我还是一直没找到答案。所以在白宫和那些“老兵”共事时，要不是因为我们自己建立起的团队，以及我们部门内部建立起的团队意识，即便分开在不同的城市和办公区，都一直有这种意识——我会觉得很多人早就想走了。

· · ·

随着就职仪式一天天接近，每隔一周左右，梅尔和我会前往海亚当斯酒店，第一家庭和埃米特住在这里，我们过去讨论就职仪式的规划。这样的会是为数不多感觉很熟悉的会了。我们会讨论谁需要坐在哪里，某些活动的准备情况，奥巴马想让谁来演唱国歌，哪位桂冠诗人在仪式上念诗。很快，我意识到我到时候会因为要忙于准备奥巴马入主白宫第一天的活动而看不到就职仪式。

等到进入圣诞和新年假期，事情慢慢地流畅了一些，但我还是很焦虑。我回到莱茵贝克镇过圣诞节，表现得很烦人——好像我第一次来大姨妈一样。我脾气急躁，很难伺候，鸡蛋里挑骨头的态度把我所有家人都逼疯了。平安夜晚餐吃到一半我开始哭了。对于马上要到来的压力我感觉都要窒息了，但每个人还是为我感到很骄傲。我本应该欣喜若狂的，但我更多的是害怕。我不知道要怎么以一种听起来不忘恩负义的方式说出来，于是我就发泄了一下，大哭起来。

处理就职仪式的相关工作有点像在纽约一个入会制度严格的高档俱乐部里当保安：很多人想进来，但只有一部分人有门票，也只有一部分人的票是真的非常非常好的票。我们只能列一个清单来排序，尽可能让每个人都高兴。

我自己就在乔治敦的街角跟一些人碰面，交换信封，信封里放着很贵重的东西。即便我知道我无法参加就职仪式，我的家人——妈妈、爸爸、“小麋鹿”和沃尔普斯（卡拉去不了，因为她那时要生孩子了），都能坐到国会大厦正前方的极佳座位（关键词是“座位”，他们能坐着看就职仪式）。

官方庆祝活动从周二的就职仪式前三天就开始了，最抢手的门票是周日在林肯纪念堂的音乐会。博诺将会演唱我们的竞选主题曲：《灯火绚烂的城市》（*City of Blinding Lights*），这首歌是我们有一次在伊利诺伊州首府斯普林菲尔德的会议室里选出来的，因为我们很喜欢这首歌的前奏：好的入场音乐是应该可以让你起鸡皮疙瘩的。碧昂斯、布鲁斯·斯普林斯汀、玛丽·J. 布莱姬（Mary J. Blige）、丹泽尔·华盛顿（Denzel Washington）、皮特·西格（Pete Seeger）、劳拉·琳妮（Laura Linney）都将在音乐会上表演。戴伊和我就留在华盛顿的总统过渡团队办公室轮流跳来跳去，保证声控灯能一再亮起来。

周一晚上，也就是就职仪式前一天晚上，因为封路了，第二天没办法上班，所以戴伊和杰西在我的公寓住了一晚。就职仪式当天，戴伊和我也要宣誓就任，然后我们就得开始准备安排总统上任第一天的工作。

我在我的公寓见到戴伊、杰西，我楼下的邻居安妮也过来加入了我们。我们都早早地睡了。早上，我们吃了易格华夫饼，喝了点鸡尾酒，在准备的同时看了看电视里关于就职仪式的报道——这真是一次感觉非常不真实的“在朋友家过夜”。等杰西离开去就职仪式上就位时，戴伊和我穿上我们的正装、运动鞋，里外大概套了 8 层衣物，走去白宫。天气太冷了，路还有点打滑。我们把就职舞会要穿的裙子也带上了，因为我们觉得到时候再回来换裙子去参加舞会，不确定性太大了。

我们一走进艾森豪威尔行政办公大楼的印第安接待厅，就发现周围有很多不认识的人，很多人表现得就跟多了不起的大人物似的。按照安排，大家是一整天分批次一波一波地进来，我们和其他30名左右的新员工一起填了我们的就职表格。我们起立，举起右手，宣誓任职，虽然说这只是个标准流程，但按理说这应该是一个非常重要的时刻。如果当时没有那么紧张焦虑，我们很可能会更享受那个过程。

宣誓结束后我们就分开行动了。我去了西翼办公楼，戴伊作为总统副助理和日程安排部主任去了我们楼上的办公室。我记得我和戴伊那天是从头到尾都没换掉过我们的运动鞋。《纽约时报》的一篇文章把总统就任第一天的感觉描述为“上学的第一天”；对我们而言，有点类似，如果不能成功地准时上好最后一节课，恐怕会导致美国政府突然停摆。奥巴马要实实在在地做事，比如在局势研究室开会，他周围还没有谁知道要如何有效地推进。我们发现有的房间的使用是有规定的（比如，内阁会议室只能用于和内阁成员或国会领袖开会），但弄清楚这些规定花了我们很长的时间。有些房间不能用来做直播活动，因为室内的铜线会阻隔信号。如何预约局势研究室开会？需要进行哪些安全审查手续？我们甚至都没有电脑登录账号。当有人过来教我们如何使用一个可以制作白宫安排表的软件——Time-piece时，我都快哭了。我们当天就得使用这个软件，根本就不可能学会。

我们已经把之前的竞选工作做得井井有条。我们部门的支出很好地控制在了6800万美元的大选预算内，那年秋季能够跟普劳夫说他可以把剩下的钱拿回去了，因为我们到竞选结束的费用还比预算低300万美元。（任何时候，只要你可以告诉你老板或你的领导你帮他们省钱了，一定要告诉他们。）

我们每天安排三个活动，一周七天，这还仅仅是给总统的安排。等在丹佛市举行的民主党总统提名大会结束后，我们进行最后冲刺时，要安排的工作还包括贝拉克、米歇尔、拜登、B 博士和很多其他知名人士，比如特德、卡罗琳·肯尼迪、杰伊 –Z、布鲁斯·斯普林斯汀和奥普拉。除了在艾奥瓦州“杰弗逊 – 杰克逊纪念日”晚宴前几周为老年人举办的一个活动上，意外放了一首坎耶·维斯特（Kanye West）[1] 的《触摸天空》（*Touch the Sky*）外，我们的工作就像抹了润滑剂的机器，运作良好。

但现在呢？现在很艰难。白宫有太多的规章制度：士兵的名字不能出现在给总统的备忘录上；空军一号的舱位是按资历安排，你在飞机上可以往后走，但不能往前走到高一级别的舱位去；内阁会议室里，总统一般是坐在正中间背对着玫瑰花园的椅子上，椅背比其他椅子稍微高一点，副总统坐在他对面，内阁里历史最悠久的部门的部长（像国务卿和国防部长）需要离总统最近。就在你觉得一切都安排妥当了的时候，有人会过来告诉你更多的规定。我原本要在就职舞会上穿的裙子，就原封不动地在我的办公室里放了两年。我一直都没穿，都快忘了它的存在了。

我把这说得好像一切都非常糟糕，部分原因是我没预料到会有这么糟。这是奥巴马总统第一份公开的时间表：

1:15p.m.：奥巴马总统对工作人员和各内阁部长的讲话（记者团）

2:30p.m.：奥巴马总统参加白宫开放日（记者团、楼梯基座、在国事厅的一层）

3:15p.m.：奥巴马总统在罗斯福会议室会见经济顾问（闭门会议）

---

① 美国著名说唱歌手。——译者注

4:15p.m.：奥巴马总统会见利拉克军事顾问（闭门会议）

就这样。这就是让我在总统上任第一天前的那个晚上忙得不能去参加就职舞会的事。

当然，这段时间也不全都是混乱；我们也了解到了一些有意思的事。比如，现在的内阁会议室的桌子是1970年尼克松总统用私人资金购买的。1977年1月19日，贝蒂·福特（Betty Ford）[①]在白宫的最后一天，经过内阁会议室时，发现没人，就决定脱下鞋跳舞，因为她一直都想这么做。

在我们准备找一个合适的房间，用于奥巴马总统就任第一天对高层工作人员和内阁成员讲话时，他们告诉了我们这些故事。我们不想日程安排发出去之后才发现用错了会议室，要弄清楚所有的制度太难了，所以安排会议室花了很长时间。

当我们终于觉得都弄清楚了——当我们终于把电脑安装好开始运作了，我们给所有高层官员发了一封邮件阐述我们的计划。高层团队的一个成员给我们回复了："这是我见过的最不成熟的计划了。"我们非常确定他是在就职游行活动时在总统观礼台的软座凳上给我们回的邮件。我们甚至都不知道他为什么会这么说。

后来我们终于明白，要450会议室才是合适的，最后弄到晚上8:00左右才下班。戴伊恰好来得及去见她男朋友，下班后就吃力地穿过其中一次就职舞会的人群离开。我走路回家——不是因为我想锻炼，而是因为道路还是封锁的；天寒地冻，大街上看上去像是某部讲述冷战时期的电影里的某个场景。

---

① 美国第38任总统杰拉尔德·福特（Gerald Ford）的夫人。——译者注

我吃了一份 Lean Cuisine[①] 速冻餐，灌了一杯酒，想着明天到底又会有什么在等着我。

有时候，你会发现自己想象着从海军一号上走下来时是什么样子的——风吹拂着你的头发，提着公文包，身旁就是治理着整个国家的人。也有些时候，真实的情况是：一个周五的下午，你和总统降落在弗吉尼亚州乡村地区，走下海军一号，爬进装甲萨博班面包车，结果一个随行的医护人员跟你说你的裙子一直开到了拉链处。这些时刻是你应当记住的时刻：你的同事挡在你周围，不让你的旧 Hanes Her Way 内裤被总统看到；大家帮你把裙子用别针别起来，你需要像美人鱼一样侧身坐着，以防把别针给撑开了。

这可不是我为了证明谦卑的重要性而精心编造出来的——这些都真的发生过。我把成功的很大一部分归功于从未忘记过我是在为贝拉克 · 奥巴马工作。我不是贝拉克 · 奥巴马，我也不会成为贝拉克 · 奥巴马。在华盛顿，你可以从你供职的人那里获得某些权力，但一旦你忘记权力与民选结果相伴相随时，那就完了。你可能觉得自己在白宫工作有多么了不起，但总有比你更了不起的人。你是工作人员，这是一个很谦卑但很有益的词。

· · ·

和 DK 订婚前 6 个月左右，我去参加为英国首相戴维 · 卡梅伦访问美国举办的晚宴。这可是件大事；白宫的每个人对此都很兴奋；我会穿得比较复古。DK 对这一类事从来兴趣不高，所以我把戴伊叫来做我的同伴。

活动当天，DK 和时任美国全国广播公司（NBC）环球国际董事长的杰

① 美国一个著名的冷冻餐牌子，加热即可食。——译者注

夫・谢尔（Jeff Shell）一起吃午饭。晚饭期间，DK 给我发短信说杰夫也会去参加晚宴，我应该过去打声招呼。我已经出入过不少正式的场合了，虽然我当时穿着非常端庄的裙子，也灌了点香槟，但 NBC 的严肃感还是让我有点胆怯。杰夫和安娜・温图尔及她的同伴在一桌。我轻轻拍了下杰夫的肩膀，自我介绍了一番，然后说我听说他中午和戴维[①]一起吃的饭。杰夫马上认出了我。“噢，”他热情地说道，“戴维是最棒的。你俩会像苏珊・萨兰登（Susan Sarandon）和蒂姆・罗宾斯（Tim Robbins）一样，永远生活在一起，但永远也不会结婚！”

所有人都愣住了。“噢，天哪！”安娜说道，抬头看了一眼，按她惯用的怀疑方式低下了头。过去，我一直都可以不在意别人的失礼：“你是个永远都不会结婚的大龄剩女！”但这次我觉得太羞辱人了。

午夜 12 点左右，我回到 DK 家（严格意义上来说，我们还没有同居，因为我每天早上上班前会回我自己的公寓换衣服，但我的猫是放在 DK 家养）我非常生气。

“你知道刚刚发生什么了吗？”我对着那个正在睡觉的男人喊道。

“什么？”他迷迷糊糊地问道。

“你跟杰夫说我们会像苏珊・萨兰登和蒂姆・罗宾斯一样？”我下楼去看电视了。

即使后来他改变主意，在乔治敦达美乐店前向我求婚，我还是有段时间很难接受他改变了不结婚的心意。订婚后，我和我的猫施乐咪正式搬进了 DK 的公寓，而我的状态很糟糕。我甚至希望自己早在 37 岁前就试着和男朋

---

① 这里指的是作者的未婚夫 DK。——译者注

友同居，哪怕我知道我们可能最终会分手，因为我现在对于搬过去和 DK 同居感到深深的很奇怪的不安。我觉得自己像是个负担、入侵者或者说感觉像是我骗他向我求婚。我们同居后，我的公寓还保留了 8 个月，一直给着房租；我所有的 Crate &Barrel 家具也都留在原来的公寓，以防万一。虽然 DK 的东西更好，但我从未觉得是我的，而且我也不觉得我可以把我的东西带过来，因为我的东西都是从 Crate &Barrel 买的平价家具。我为此流了不少泪。

我们结婚后，就更难了，因为一切都合法化了。我没法克服金钱物质方面的障碍，而且，我不再对我侵入、打乱了 DK 豪情壮志的黄金单身汉生活感到不安，反倒是觉得婚姻让我们的关系感觉有了一种正式的不平衡。我能做些什么来为我们的生活添砖加瓦呢？我常常在脑海里计算，想着我在白宫做的工作，我做格兰诺拉燕麦卷的手艺或者说我的猫都多少能"配得上"我的丈夫——好像我在尽力计算着我的女超人嫁妆。我的储蓄卡里没多少钱，大概够花 8 年，我所有的账都记在我那个印有芭芭拉 · 史翠珊的笔记本上；本子写完了，我就加几页。DK 有一个会计，还有股票。我觉得可以经常谈一谈我"可以带来什么"，因为有一天他跟我说："不要再用贡献这个词了——我们结婚了。"

婚礼的实际策划和实施也让我焦虑，我们甚至都没有婚礼。我们本来打算办婚礼，但因为要做的事似乎太多，尤其是我俩的工作还特别忙。年纪大了的人结婚时，宾客名单就已经很长了。但有一天晚上，我们去美华餐厅，决定列出一个我们必须要请的宾客名单，名单看上去像是《美国周刊》（*US*

Weekly[①]）上的内容。DK 的名单一个个都像政界的卡戴珊：参议院多数党领袖、少数党领袖，一直到助理。我的名单写完之后，他还写了好久，以至于我觉得我都可以再点一杯酒了。要邀请的人多，我家人又都不太认识，我的家人可能到婚礼现场会说“你是谁”，这太荒唐了。我的工作本身就是计划非常周密、有压力的活动，而我又不想麻烦他人来帮我做这一切。所以我们决定不办大型婚礼了。

不幸的是（如果你是一个认为漂亮衣服应该都买回家的人的话，那就要庆幸了），我们不是在我买婚纱之前做的决定。在我们达成“美华餐厅协议”前几周，我去了一趟芝加哥，当我和我的朋友们约着聚一聚时，我以为我们会一下午就吃点昂贵的沙拉，喝几杯鸡尾酒，结果她们给我一个惊喜，预约了去看婚纱。

她们真的非常好，但我很窘迫。我们刚要去第一家，没走多远，我就回头跟她们说：“好的，朋友们，我跟你们去看婚纱，但我真的不想把事情弄大。”

我们推开店门，《天桥骄子》[②]（*Project Runway*）节目第一季的设计师奥斯汀·斯嘉丽（Austin Scarlett）正在办一个非公开的新品展示会。

你在看一集《我的梦幻婚纱》（*Say Yes to the Dress*）时，是看不到把一个正常尺寸的女模特塞进一个样品尺寸的婚纱时需要的所有工具的。突然之间，你以为的那个有品位、优雅的自己瞬间不复存在；当我知道我需要借助一条弹力绳才能穿进我想试的婚纱时，我很意外，也很失望。也许这在某种程度上证明了我很容易受到“一个女人的婚礼对她一生都很重要”这种父权

① 《美国周刊》是一本以名人和娱乐为主的周刊杂志。——译者注
② 美国一档真人秀节目，为天才设计师提供展示自己设计才华和独特审美观的机会。——译者注

主义说法的影响。但我曾在某个瞬间并没有觉得整件事有多荒唐，而是发现自己穿着一件镶着珠宝的短裙，用一块“虚荣的布”包着我的臀部，然后真诚地转向我的朋友们，问道：“看上去怎么样？”

太可怕了。我又试了几件珍妮－帕克汉 (Jenny Packham) 的婚纱，穿着像凯特王妃，然后我们又去了 Vera Wang 的店。她们给我们倒了点香槟，有助于提高我们的兴致，但婚纱都太重了，也比较单调。我不想再去别的地方了，所以我建议还是算了，虽然逛婚纱店确实是个有趣也很善意的提议，直接去巴尼斯百货里一家叫 Fred' s 的餐厅得了。

大家都觉得这是个好主意，但我怀疑她们因为知道可以把我给灌醉才觉得这是个好主意。喝了几杯鸡尾酒之后，她们都说：“来吧，再看一家！就在前面街角那里！”我继续坚持我的条件：这纯粹只是一次参观探索，每个人只选认为“有趣”的婚纱试试。

这样就轻松多了。但是当我们正准备走的时候——事情往往都是这样，朱莉安娜拿着一件镶珠宝的华伦天奴 T 台秀唯一款跑过来说：“艾丽莎，我知道这可能看上去很疯狂，但你一定要试试这一件。”

这件婚纱 13000 美元，我分期付款买下来了。

这里我想暂停一下提一句，买一件 13000 美元的设计师婚纱是我从未想过自己会做的事。我成长过程中，也从未梦想过完美的婚礼或在意过要拥有最好、最贵的东西。我其实也确实买不起这样的婚纱；我在政府工作时就已经竭尽全力地省钱了，所以这套婚纱虽然还不至于要了我的命，但确实是一次不理智的消费。婚纱很美，但买下来很蠢。DK 后来提议说要付这套婚纱的钱，但我不告诉他花了多少钱，反正我也没想过让他付钱。

不过，婚纱确实是好看。后来我们去了拉夫·劳伦（Ralph Lauren）[1]店的餐厅，点了奶油沙司牛排来庆祝我用一辆日产骐达（Nissan Versa）的钱买了一件婚纱。

· · ·

在我们决定不举行大型婚礼后，还是存在一个结婚仪式选址的问题：我们只去市政厅[2]吗？要不要哪怕开一个小小的派对呢？

我觉得我们应该开个小派对。但现在还不是最佳时期：healthcare.gov 政府医保官网正处于瘫痪当中，还有政府停摆的问题都发生在我结婚前一个半月内，耗费了我所有的精力。我负责监管政府停摆和重新开门的准备工作，其中我们还得遵守更多的规章制度。政府关门期间我还能去工作是因为，我是总统的助理，是允许我去上班的；而其他大部分人不能使用他们的黑莓手机，不能查看邮件或者去办公室，包括清洁工人也不能去办公室。白宫电话接线员会录一段语音留言：“感谢致电白宫。由于目前政府停摆，我们无法帮助到您。”在某种程度上，这还是不错的；这让高层官员只能自己接电话，干累活，营造出了一种良好的革命友情。没有人有主角光环。如果有人（经批准）要过来开会，我还要打扫卫生间隔间，保证垃圾桶别太满，厕纸用完了再补充。

后来事实证明，哪怕是准备一场最基本的婚礼对我来说工作量也是非常大的。这时，有人跟我说埃琳娜·卡根（Elena Kagan）和索尼亚·索托马约

---

① 国际著名服装品牌。——译者注
② 美国结婚登记是在市政厅办理。——译者注

尔（Sonia Sotomayor）[①] 喜欢在最高法院主持仪式。这主意似乎很不错。于是我就在 Farfetch[②] 上买了一件斯特拉·麦卡特尼的短裙（蓝色、宽袖），和卡根法官约了一个周五下午，她也很高兴为我们主持婚礼。

婚礼当天，我表现得像不理智的动物一样。大型婚礼时，为了缓解紧张情绪，新娘会把注意力放在花有没有摆放好，或者伴娘有没有迟到上；但当婚礼只有你们两个人的时候，你就不得不直面你的恐惧和未来的命运，而且因为我不知道如果表达出我很紧张，就会表现得非常刻薄。

这真的完全对不住大家对我的善意。早上我吓醒之后，去做了头发——这是当天的第一个错误。我原本只要吹吹头发就可以了，但理发店的人跟我说这是我的婚礼，我应该要和平时不一样。刚做了头发，我就哭了。我朋友斯蒂芬妮带着香槟和鹰嘴豆沙出现在理发店，因为“婚礼那天你一定得见到某个人”。虽然我不在办公室，但我的团队把我的办公室装扮了一番，挂了条横幅写着“再见，单身的艾丽莎”，然后拍了张照片发给我看。作为回报，我要给我所有准备结婚的朋友提供一条建议，因为婚礼太让人神经紧张了，所以建议她们一整天都喝酒或者吃片镇静剂。

到了法院后，DK 看上去很酷、很冷静，和我完全相反，这让我更紧张了。等我们都准备好了，他微笑着走过来，很温柔，和你希望结婚当天对方对你的那个样子一样，他说：“我给你准备了一份礼物。”我太紧张了，小声地咬着牙回答道：“我没给你准备任何礼物！”他怎么可以给我准备礼物？出于某种原因，他还是把礼物给我了，是一对钻石耳环。我感觉很糟糕。

---

① 两位都是美国最高法院的法官，美国法官可以主持一些宗教仪式，可以当主婚人主持婚礼。——译者注

② Farfetch 是总部位于英国伦敦的一家国际时尚精品购物平台网站。——译者注

卡根法官也把她的办公室用“新婚快乐！”的标语装饰了一番，准备了一瓶香槟，摆了一束玉兰花（花语是爱）。她问我们想用什么誓言。

我可没准备这个。“都有哪些？”我问道。她把各种版本的誓言给我们看，我太过紧张，直接问道：“哪个是最短的？”DK 完全被吓到了，甚至可能都质疑自己为什么要选择和我共度未来的人生。我们一说完誓言，我就开始喝香槟。

我们从最高法院回家，拿上包，和施乐咪拍了张照片，去了乔治敦的嘉佩乐酒店，6 点 15 吃晚饭，然后不到 9 点我就睡着了。

这个问题没有真正的解决办法，只能学到一课：你必须要能够接受自己有时候也会把事情搞砸，你需要真诚地道歉，然后努力继续你的人生。第二天早上，我醒来，看了名厨伊娜·加藤（Ina Garten）的感恩节特别节目，除了感觉非常丢人外，我又恢复了正常。我们回了家——去新西兰的蜜月是定在几周后——我跟 DK 说很抱歉昨天表现得那么不领情，不开心；但我并不是真的忘恩负义，也没有不开心。后来我一直试图找个场合穿上那件华伦天奴的婚纱，但我觉得应该是在 DK 面前穿，所以现在那件婚纱一直都留在我的衣柜里。

第八章

风险管理，要么升值，要么贬值

SMILE

我们一天中或者一生中会冒各种各样的风险，我倾向于把这些风险划分为日常风险、缺乏经验风险、信誉风险、个人 / 财务风险。举几个例子：

日常风险：

* 不遵守红绿灯过马路

* 即使知道自己开会可能迟到还是停下来买了杯咖啡

* 换新发型或者尝试新的理发店

* 在没有征求别人意见的前提下在会上提出新的想法

缺乏经验风险：

* 有肠易激综合征还在孟买的街头吃肉

* 去日本拜访朋友戴维 · 福格尔（David Fogel）时，骑着摩托车沿着海岸线游玩了两周（我们只有一次被交警拦下；在东京不能骑双人自行车，但在其他地方可以）

* 唱卡拉 OK

* 去一个多层的夜店参加生日会，让一个自称是威尔士伞兵的男人送你回家

信誉风险：

* 同意写一本书

* 在不了解事情来龙去脉的情况下为一个在推特上受网友攻击的人辩护

* 夸赞一篇你没有完整看完的文章

* 为一个候选人或竞选团队工作

个人 / 财务风险：

* 和男 / 女朋友分手

* 辞职或没有接受一份不合适的“好工作”

* 搬去新的城市

* 重返校园

2013 年底，我刚结完婚，就准备好要离开白宫了。我觉得已经别无选择了——我已筋疲力尽；脾气变得很差；不吃泰勒诺 PM 或安必恩这类安眠药就无法入睡；数月来已经想不出好点子了。但我还是非常紧张。我在正式宣布准备辞职前只和很小一部分人说过。

在我准备辞职时，我的朋友们非常慷慨，帮我引见全国各地其他各领域的人。他们也得很谨慎，毕竟我要离开的事还没公开，但他们真的都很乐于助人。

我在奥巴马 2008 年和 2012 年的竞选中认识了安娜 · 温图尔，和她共事。她是奥巴马的支持者之一，我有幸和她建立了很好的关系。也是她帮我们推动了“通往改变的 T 台”和“通往胜利的 T 台”项目[①]，这两个项目都有设计师设计与奥巴马有关的产品。（这些产品售罄的速度破了纪录；我现在都还在穿翠西 · 瑞斯 [Tracy Reese] 设计的运动衫。）她会以一种你想要的方式给你建议——非常直接。在我准备宣布要离开白宫前的那个冬天，我和安娜

① 2008 年奥巴马竞选美国总统期间，在时尚界发起了一场叫“通往改变的时尚秀（Runway to Change）”，由支持奥巴马的设计师们为竞选设计与奥巴马竞选有关的 T 恤、手提袋等；2012 年奥巴马竞选连任时，一位支持奥巴马的设计师又发起了“通往胜利的时尚秀（Runway to Win）”运动。——译者注

见了个面一起喝茶。她跟我说是时候“重新开启新的旅程”了，而且说如果她有任何想法，会告诉我的。然后她喝完茶，戴上太阳眼镜，又继续去赴她下一个会了。她总叫我“艾～丽～莎”。

大概一个月以后，我宣布辞职，准备年底离开，然后收到安娜的一封邮件，她说刚刚吃晚饭的时候坐在几个月前刚当选纽约市长的比尔·白思豪（Bill de Blasio）的旁边，并把我的电话留给他了。太厉害了——她是真的在考虑我可能擅长的事。

当我正看着她的邮件（当时我正一个人开车，我将车停在一个停车标记旁边——不要在开车时看短信），车上蓝牙连接的电话响了，是一个917开头的号码。

是比尔·白思豪！！

他先自我介绍了一下，然后说他觉得我或许是担任OEM主任的不错人选。问我愿不愿意过去和他面谈。

OEM，也就是现在的纽约市应急管理办公室及其团队——应急员、计划员、巡逻指挥员、后勤人员、社区服务、联络员和其他工作人员——负责为突发事件制订计划、预防准备工作，向大众宣传应急防范教育，协调应急和灾后恢复工作，收集并散播应急有关信息。我在白宫工作时就学到了很多应急管理的东西，这也是我最喜欢的工作之一——这样的工作能够真正立刻看到成果。但OEM一直都是由军队首长或上校（男性）来掌管。我内心有一点担心，不管是否合理，担心掌管OEM可能将变成下一部《律政俏佳人》[①]。

① 《律政俏佳人》电影中男主及其代表的社会对金发美女有偏见，觉得这类美女个个头脑空空。这里作者觉得自己进入一个原本由军队男性掌舵的团队，大家也会对她这样一个娇小的女性有偏见。——译者注

但这也一直都是我的特点：个头小但很强势，像女性朋友一样欢乐但也很勤奋，只有在极其必要时才会让人很讨厌。我当时都想象着自己穿着一件蓬松的背心和一双长筒雨靴出现在《纽约》杂志的封面了。

我安排了第二周的一个时间去见白思豪，等我到了那儿，发现市政大厅太让人兴奋了——大家都在为人民服务。而且市政大厅也很漂亮。白思豪是出了名爱迟到的人，那一天也不例外。不过杰西当时也已经离开白宫，在给白思豪市长做副幕僚长，所以我在等的时候和她聊了会儿天。

等白思豪准备好见我时，他也是行色匆匆。至少我感觉到他是很匆忙的。奥巴马有一个特点：他坚信做事要准时。所以我们也非常努力地认真安排好他的一天，让他都能够准时。奥巴马从来不希望让任何大老远跑来见他的人等。

毫无疑问，我是这份工作的非常规人选。虽然我已经赢得了特工处和白宫军事办公室成员的尊重，但这个应急管理机构一直都是由军队男性官员掌权，我不确定在这里我是否也会获得同样的尊重。在白宫，我在做领导前花了两年的时间建立起能帮助我成功的人脉关系。

我有一些问题要问市长，最重要的问题是："您打算怎么让我做好这份工作？"一般来说，如果你要开始掌管一个部门，你要确认你的上司会向所有人证明他 / 她支持你的工作。你也会想知道自己有没有权限去招募人员或者做一些人事或结构上的调整。

白思豪的答案没有让我感觉更好；他的回答相当于在说"他们（OEM 的工作团队）需要知道事情的前因后果"。但是，我还是把这一点先抛开不看；这是一份非常重大也重要的工作，可能会将我的事业带入到下一个阶段。

如果我成功了，我就能真正带来改变。如果不成功，未来一旦发生飓风，纽约市的每个市民都会怪罪于我。而他们怪我也没错。

就在我们把要聊的基本都聊完了时——他一直在查看手机——他马上就直截了当地问我想不想要这份工作，还说需要我最晚5月1日就能开始上班。这种结束对话的方式就有点强势了，毕竟我之前只是说我感兴趣而已，我对这一提议还不至于有很大的热情。我解释说我完全没办法在5月1日前就离开奥巴马总统来纽约上班。我已经答应过奥巴马总统在5月份前是不会走的，而且我还需要休整一段时间。

白思豪说了类似这样的话："你已经为总统先生工作得够久了，他需要放你走了。没关系的。"

我很无语。目光环顾他的办公室，希望能找着点什么来分散精力。我咬着嘴，努力不让自己说任何粗鲁的话。他是在说我效力的总统吗？第一，我不可能早于我说的时间离开总统；第二，我也不可能为一个想要我让我的前上司失望的人工作——我的前上司除了给我提供全世界所有的机会外，还是美国总统；第三，两份工作之间我不可能不休息一段时间。

我让杰西陪我出去，告诉她我和白思豪的对话让我胃疼。那天天气很晴朗，但很冷。我也很饿，因为见白思豪前我还没吃早饭。我等市长的时间也很长，导致我又错过了吃午饭的时间。街上都是融雪，但我在找到地方坐下之前还是走了一段路。我很担忧，在我离开白宫后会做什么——会成为什么样的人，而且这份工作原本看似是一份完美、命中注定的机会。但事实却让我很失望。

即便我中间可以不休息（那真是要疯了）或者可以让奥巴马总统尽可能

早地放我走（他应该会说没问题，但那不是我想要离开的方式），我也没办法接下一份握着别人生死的工作，而且我也不太相信我能获得做好这份工作的资源。这是我不愿意承担的风险。我很努力建立起的声望，不想就这么毁了——我知道还会有别的机会的。我一直以来并不太相信这一点，但随着年龄增长，你就越能对自己擅长的事充满自信，你就越能看到自己到底属于哪些地方。

· · ·

在那趟 36 小时的纽约之行中，我的朋友马尼什正在为他的一个公司主持一个活动，他邀请我接受查理 · 罗斯（Charlie Rose）的采访。这次采访不会做正式报道，但现场会有大概 200 名企业家作为观众。

很明显，我答应了（因为是查理 · 罗斯啊）。但我也是诚惶诚恐。因为我已经好几年没接受过任何采访了，而且查理还是这么一个偶像。比起担心搞砸采访，我可能更担心尤其在他面前看上去像一个傻子。我喝了一杯“长相思”白葡萄酒让自己冷静下来，然后就开始了采访。

采访非常棒。五分钟后，我就感觉像是和一个老朋友在台上聊天（我想这应该是因为查理 · 罗斯有几十年的采访经验了，所以很擅长）。采访结束后，查理邀请我去他的节目。我受宠若惊，但认为他只是礼貌性地说一句。结果第二天，他办公室的人来约我作为嘉宾去参加《查理 · 罗斯秀》一整期持续一小时的节目。

这可不是我的大脑能承受的。我上一次电视采访还是在 2007 年初奥巴马竞选研究委员会成立后，当时我们的新闻副秘书比尔 · 伯顿（Bill

Burton）说服我去《福克斯周日新闻》（*Fox News Sunday*）和克里斯·华莱士（Chris Wallace）一起上个镜。他说会很“容易”“小事一桩”“轻松”——只有10至15分钟。我问我需要做些什么准备，他说“没事的，不会有问题的”。

所幸的是，我并没有把比尔的话当真。我给我朋友斯蒂芬妮·库特（Stephanie Cutter）打电话，告诉她我答应了周日要接受福克斯新闻的采访。库特是一名媒体顾问，本身对电视媒体也很在行。她明白形势的严峻，给我上了一次速成课，教我如何回答不知道怎么回答的问题。库特有点像《飓风营救》（*Taken*）里的连姆·尼森（Liam Neeson）；她不会给你糖衣炮弹。她并没跟我说一切都会没事的，而是说：“这会比较难，你需要这么做才能平安度过采访。”（每次有人刁难你，要想平安度过，你只要说：“我赞同贝拉克·奥巴马陈述的观点。”在所有情况下都有效，不仅仅是在电视上。）

那次福克斯电视采访，我的部分进行了60多分钟，涵盖了伊拉克和阿富汗相关的问题。采访到一半的时候，我的瑞贝卡·泰勒T恤已经汗湿了，我猜我的夹克上也肯定已经有汗渍了。至少那次采访不是直播的。他们把这60分钟裁剪到7分钟，还不算太糟糕，但也绝对算不上好。我真的还想再做一次这样的采访吗？

· · ·

我权衡了一下风险和回报，发现还是值得的：采访者可是查理·罗斯呀。我定好了采访日期，随着采访一天天接近，我也越来越焦躁。我想过各种可行的借口来取消采访。每次我无意中提到会把节目录下来，就有人问我这次采访准备得怎么样了，这样很讨厌，因为我这么说的本意就好像是在问“亲爱的，我穿这条裙子显胖吗？”

采访前几天，白宫媒体团队的一些人来我的办公室给我做一个准备训练。他们给我讲了总统表达过的立场，给我提供了已经在 healthcare.gov 上注册医保的人数，他们还告诉我如何解释近期的民意调查（调查结果对总统不是特别有利）。

我一直非常慌张，感觉每个人都在看着我（他们确实是），坐立不安，浑身不自在。在一群同事组成的“陪审团”面前无法立马回答问题，让我感觉自己像是一个骗子。

训练结束后，我的助理、克莱和乔 · 保尔森来我办公室，坐到我对面。他们说知道怎么让我感觉好一点，我说我愿意做任何尝试。

几小时后，克莱和乔就拿了一份调查问卷回来了。很厚的一份问卷——大约有 15 页。他们让我把这份问卷带到我最喜欢的泰餐厅，喝着酒，把问卷填好。

最喜欢的电视节目，上一本看完的书，我每天做的事——很多问题都是很基础的，但很有帮助。当我意识到我最喜欢的电视节目是《明迪烦事多》（*The Mindy Project*），我看完的上一本书也是明迪 · 卡琳（Mindy Kaling）写的《是不是大家出去玩没带上我？》（*Is Everyone Hanging Out Without Me?*）时，克莱指出这让我看上去像是一个明迪的粉丝，即使这是事实，即使明迪也是我的朋友。

我的工作的一个好处：有一次，奥巴马总统在纽约的华尔道夫酒店参加活动，明迪正好也出现在那里。我在做副幕僚长时很难读完一本书，所以每个人，包括奥巴马都曾看到我连续好几周拿着一本《是不是大家出去玩没带上我？》。活动结束后，我和奥巴马总统一起吃晚饭（和总统一起出行时，他经常会要求几个人和他一起吃饭），一位顾问博比·施穆克（Bobby Schmuck）过来问奥巴马想不想见一下明迪。我吓坏了；明迪过来了，奥巴马总统说："实际上，你真正要见的是艾丽莎。"从那之后我们就成了朋友了。

话说回来，我跟克莱说看那本书之前我看的是《你在吗，伏特加？是我，切尔西》（*Are You There, Vodka? It's Me, Chelsea*），然后他答道："好吧，他可能不会这两个问题都问你！"

我花了很长时间思考要穿什么衣服接受采访。我有一套非常棒的普罗恩萨·施罗（Proenza Schouler）的裙子，曾穿着它参加过2012年的巴黎时装周；这是时装周的一件展示作品，但我从那之后每次遇到重要场合都会穿。还有其他几件裙子，但最后我不想老是担心怎么摆放双腿，所以我就从头到脚都穿着传统的J.Crew。我决定遵循内心的戴安·基顿[①]——白领T恤、灰毛衣、红框眼镜。我想穿得像大家希望在一次有意思的晚宴聚会上看到的人一样。我遵循我朋友迈克尔·史密斯（Michael Smith）的意见，把我的头发梳得服服帖帖的。迈克尔听到我说要去接受采访，反应就是："我太为你骄傲了！记得一定不要让你的头发太蓬！"我自己化的妆，化得很淡，因为我不喜欢自己化妆的样子。查理·罗斯节目组的人给我抹了一点抗油光的东西和一点古铜粉，就这样。他们还帮我整理了一下我的头发。（很巧的是，我在佛蒙特大学时最好的朋友山姆是我要参加的这部分采访的制片人，所以我感觉更放松了点。）

① 美国影坛70年代的代表性女星，被誉为奥斯卡常青树，她的知性与感性颇能反映那个时代流行的嬉皮风尚。她中性化的服饰曾风靡一时。——译者注

采访进行了大概 75 分钟，在我还没意识到时间到了就已经结束了。摄影机刚关掉，查理和我就都马上查看手机，我的手机像疯了一样不停地有消息提示——健康与人类服务部部长凯瑟琳·西贝利厄斯（Kathleen Sebelius）就在我们录制时宣布辞职了。（感谢上帝，她是在采访期间宣布的，而不是采访前——虽然我已经记住了奥巴马医保注册登记的人数，但我还不知道关于她本人要说些什么；因为我觉得她会在第二天宣布，所以也没有做这方面的准备。）

我真是太自豪了。看着我自己出现在电视上可能是我最害怕的事情之一，而且我也特别担心，在采访中谈论自己的成就，还能不能表现出真实的自我，而不是某个奇怪的、按剧本走的自己。我一直保持冷静，直到我们走出摄影棚，然后一直在看监视器的克莱和乔说让我庆祝一下。我决定不要太苛刻，选择相信他们的话。采访中我说了我和贝拉克·奥巴马共事的故事，我说得很公正，也挺享受。

采访播出的那天，DK 不在家，所以我完全可以自己一个人看，只不过我基本上没怎么看——我得喝上两杯酒，才有勇气打开电视机。等我最后打开看的时候，全程捂着脸，就像在看恐怖电影似的。

但我其实不用这么紧张；我觉得我表现得很不错。我笑了（采访中我很有趣！），哭了（我做到了！），我也没开查理节目或者奥巴马任期的玩笑，这是最重要的。第二天，盖尔·金（Gayle King）在 CBS《今晨新闻》（*This Morning*）上说我“太赞了”。

很多人在看完节目后都来找我。中西部一个年纪较长的人跟我说我让他重拾了对政府的信心。一位很棒的女性观众听说我的裙子是从寄售店借的，就提出要把她的旧 Oscar de la Renta 长裙送给我。（我不能收——尽管我很想——但我还是由衷地感谢了她。）

我离开白宫大约一个月后，库特打电话告诉我她的朋友，美国银行副行长安妮·菲纽肯（Anne Finucane）看了采访，要她介绍我们认识一下。

我和安妮约了一起喝茶，她问了我关于白宫的情况，我接下来有什么打算。我很诚实，说还不知道。她说我现在还很年轻，完全可以开启另一个大冒险，不需要担心会不会失败，这话很让人安心（但同时也并没有给我太大的宽慰）。她说如果她有听说什么机会会记得我的，要继续保持联系。

又过了几周，安妮从戛纳给我发来短信："我现在正和肖恩·史密斯（Shane Smith）、博诺（Bono）还有埃奇（Edge）在一块儿。"我以为这是个玩笑。她又说："你得见见肖恩·史密斯。"

约一个月之后，我去了位于布鲁克林威廉斯堡的维斯[①]办公室。实际上这过程比我描述得还要难。我去了两个不同的入口，结果都走错了，但我的确很感谢行政部门运输和接待团队的人，他们真的很好。我终于找到了大门主入口，自我介绍了，然后等人来带我去见肖恩。最后，肖恩自己下来了。我开玩笑说他能马上认出我也不算什么恭维；因为大厅里到处都是比我年轻的人，而且很多人都还有文身。

两个月后，他们给我提供了首席运营官的职位。我很多朋友（以及我丈夫）都觉得我疯了；我之前从没在媒体行业做过，但即使我做过媒体行业，维斯也不是一家传统媒体企业。但话又说回来，政治也并不完全是一条无风

① 维斯媒体公司（Vice Media），一家美国数字媒体公司，上文的肖恩·史密斯是这家公司的 CEO。——译者注

无浪、笔直畅通的职业道路，我觉得既然我之前的工作有实际成果，为什么我在维斯传媒就不能做得一样好呢?

（一般）你只能离开白宫一次，离开后的第一步最重要。这一个决定就可以让你的个人资本要么升值，要么贬值。我不喜欢这么做，但我一直在想和我共事过的男同事们（普劳夫、吉姆·梅西纳）都去从事了什么行业，我对自己的新工作得有一个类似的表述。这将会是一个挑战，但我内心有一部分很想在我的成功与奥巴马联系在一起近十年后能有一个重生。进入一个全新的领域（坦白地说，很多人离开白宫后不太会做这样的工作）让我感觉就是我要做的。而且，维斯的年轻与活力让人感觉和竞选氛围一样，这也是我会感觉很舒服的一个环境。我也非常想工作着装可以再一次不受约束。这是一次冒险的决定，但奥巴马决定竞选总统不也是吗?

第九章

坚韧，在你被迫改变时

SMILE

我在白宫的最后一天感觉非常好，不仅打包好了箱子，清理好了办公室，而且还让负责在西翼办公楼挂艺术品的人把我的办公室装饰好准备迎接下一位新任人员——法伊弗。

但这种好的感觉没有持续多长时间。当你离开白宫时，你的机密工作许可就消失了。有人会过来跟你说没有了机密工作许可意味着什么，确保你明白绝不能提及你在白宫工作时知道的任何机密信息，然后拿走你的安全徽章，这一切就结束了。

这是真正让我伤感的时刻。

我不停地哭。我最喜欢的一部纪录片是《九月刊》（*The September Issue*），这部纪录片讲述的是《Vogue》杂志出版年度最重要的九月刊的过程。纪录片中，安娜·温特讲述了她父亲如何知道是时候离开《伦敦标准晚报》（*London Evening Standard*）——他说是因为他开始感到很气愤。我也开始感到很气愤。数月来，我知道可能是时候离开了。

但近十年来，我的身份（不管是否正确）都一直由我效力的那个人来定义。从工作职务来说，我知道我是谁，我也很清楚这栋楼以外的人觉得我是什么样的人——勤奋，有批判思考能力，努力得到认可，埋头干活，有团队精神，略微敏感。这就是我本人，把我和这个工作绑在一起我感觉也无所谓，因为我是经过这么多的努力才走到这一步，并稳定下来的；而且我效力的正是美国总统。

正当我尽力却又无法让自己平静下来时，我看着安保人员说：“肯定很多人跟我一样对吧？”

并不是。

等我终于平静了下来，副总统过来跟我道别了。我很喜欢副总统。又哭了一场。（他也是！）我正努力歇一会儿不哭了，安妮塔和菲瑞尔过来叫我去椭圆办公室喝一杯告别酒。你肯定觉得我很虚伪，但很多情况下大家都讨厌这样的事。让美国总统在椭圆办公室跟你道别是千载难逢的体验，也是一份荣誉，但同时大家都会看着你抽泣着忍住泪水，费力在喝香槟和草莓巧克力时牙齿上不沾上草莓籽。

但很显然，如果总统没有邀请你过去道别，你也会不高兴。所以，怎么样都不讨好。

奥巴马总统送了我一副艾奥瓦州风景画（现在你一走进我家公寓就能看见；我因为太高兴，总是忘了解释这幅画的由来），然后我们在那样一个五月份美丽的傍晚走到室外，走到了南草坪，所有人都在那儿等着。甚至一年前就已经离开了的法弗斯和普劳夫也特意回来了一趟。

正在这时，我意识到我爱每一个人，并大声说了出来，我不知道我是不是真的准备好在感情上不依赖他们了。我相信我的工作和适应能力，但我不太相信我有自我支持的能力。很多人在结束一段长期的关系后都经历过："我觉得你是一个非常优秀的人，我衷心希望你过得很好！我只是需要分开一段时间！"我离开白宫就有点相似。我担心因为我和这群人、这样一个家庭功能不齐全但都极其保护彼此的大家庭在一起这么多年，离开他们我会觉得失去陪伴。我成年后经历的任何一个重大、改变人生的时刻都是和他们在一起。（往往也是因为他们。）有失败的时刻，更多是收获，还有结婚。他们都了解，也（通常）依然爱着我。

还是到了该把我所有的箱子搬上车，开车离开的时候了。八年的时间里也积累了不少东西；等法伊弗帮我把所有的东西搬上车，就感觉和我要去上大学的时候一样。一包包的鞋、照片、夹克，一些国宴上穿过、在办公室换下后没带回家的裙子。另外，法伊弗和我有着特殊的感情；我们同岁，从芝加哥到现在，一起经历了这一切，见证了彼此的成长。

这个送别的画面很像《飞越比弗利》里面布伦达去伦敦前和迪伦道别：我们和彼此说着是一辈子最好的朋友，然后不停地哭。我唯一能做的就是坐上了我的福特翼虎车，最后一次驶过白宫的大门，开上宾夕法尼亚大道，把齐柏林飞艇乐队[①]（Led Zeppelin）的音乐声开到最大。

我很难过，但我又没时间难过：我四天内要参加三个聚会。我曾考虑过要逃掉当晚我和凯西的欢送会——“和艾丽莎、凯西的最后一支舞”，因为我只想赖在沙发上。（不过好在我最后还是去了，因为那次派对上有各类小香肠，我会一直记得明迪惊讶地说：“那是不是国家安全顾问在像辣妹一样跳着热舞？”）

第二天，我宿醉难受，DK 只好去 Five Guys 汉堡店帮我买了一份芝士汉堡和薯条，但我还得振作起来，因为我要去参加白宫记者协会晚宴。我还受邀去参加《名利场》杂志的派对，但我肯定是没法去了。（好在我没错过奥巴马的表演：“就在上个月，发生了一件非常精彩的事情——三十年来，美国人首次赢得了波士顿马拉松比赛冠军。多么励志啊，也确实该如此了，毕竟过去六年一直是一个肯尼亚人当美国总统啊[②]。”）

---

① 一支英国摇滚乐队。——译者注

② 之前有人宣称奥巴马实际上是出生在肯尼亚，从而质疑他的总统合法性，奥巴马总统在这里是自我调侃出生地问题：既然善于长跑的肯尼亚人当了美国总统，美国自然就该拿个长跑冠军才合理。——译者注

周一，我作为安娜·温图尔的嘉宾去参加纽约大都会艺术博物馆慈善舞会，她一听说我5月2日离开白宫就邀请了我。我有一件华伦天奴的复古裙，是从我常去的寄售店买的（并根据我臀部的尺寸进行了修改）。当我在巴尼斯百货化妆时，他们礼貌地问我要不要也做一下头发，我说已经做过头发了，于是他们就稍微修理了一下。

周二，我就崩溃了。不是说我前一天在慈善晚会上喝得大醉（虽然我也是去得早的，下午5:45就到了，他们在鸡尾酒阶段也不上食物），而是因为我很郁闷。在白宫工作时每天的鸡血以及每天工作的意义瞬间被掏空，掏空速度比你在"购房马拉松"经历的郁闷来得还要快。

当然，我并不是每天只吃着干麦片，哭哭啼啼。我参加各种会。我也会去民主党全国委员会帮忙，参与了技术顾问团队的工作，顾问团后来选择了费城作为2016年民主党总统候选人提名全国代表大会的地点。我被任命到各个监事会、董事会上：威斯康星大学监事会、约翰·肯尼迪表演艺术中心董事会和"HeadCount"组织[①]。我还成为《嘉人》（*Marie Claire*）杂志的特约编辑。就在我离开白宫前我还上了查理·罗斯的节目，也正因为这个，我可以见到更多人：可以和"感恩而死"乐队的吉他手鲍勃·韦尔（Bob Weir）共进晚餐，可以和鼓手之一的米基·哈特（Mickey Hart）聊民俗音乐的数字化。

即便做了所有这些事情，我还是感觉很差。我完全迷失了，不知道我是谁或者我要做什么。没计划的日子里，我早上起床，吃早餐，看电视，睡觉；

---

① HeadCount是一个通过组织音乐会等来鼓励人们去注册投票的超党派组织。——译者注

有时我会赶在 DK 下班回家前穿好衣服，这样他就不会知道我大白天的还在睡觉。当你从之前一天查看手机 500 遍，一天 24 小时，随时有求必应，到现在能早上睡到 8 点起，悠闲地吃个早餐，然后想干什么就干什么——听起来很棒，但你也会想为什么没人给你打电话。难道你不是十分珍贵、不可替代的吗？

我们都是可替代的。生活继续，但并不意味这一切都好。

再往伤口上撒点盐：我离开白宫后两个月左右，一名记者给“政客新闻网”（Politico）写了篇专题报道，文章的导语部分是说我成为《嘉人》杂志的特约编辑——她要说的不是这样的发展是女性杂志开始关注更多政治和国际新闻的良好趋势之一。她引用了我关于这份工作的新闻通稿。我说我欣赏《嘉人》杂志的时尚社评及对全球女性问题的报道，然后她说虽然这两个目标要彼此独立，但对掌权的女性来说，两者却无法孤立开来。换言之，当像我一样的人表达对漂亮衣服或名人之类的兴趣，这并不意味着我有着多面的性格，在轻松、有趣的爱好和才智、政治和职业关心的问题之间有一个良好的平衡——不，这名记者说的是，这意味着我一直以来都被父权制碾压，导致了我后来换了个环境，加入《嘉人》杂志。

以下内容基本上总结了这篇报道想要表达的：

九年来，马斯特罗莫纳科一直在幕后引领着奥巴马的政治轨道。2011 年，《新共和周刊》（*New Republic*）把她列为“华盛顿最有势力却最不知名的人”；根据政客新闻网报道，她“几乎负责了奥巴马政治崛起的方方面面”。即使她引导了这个管理着全球最强大国家的人的生活，但她在媒体中的形象仍然保持着社会女性在公共生活中的两种（非常矛盾的）角色：玩弄权术的狡诈之人和爱吃纸杯蛋糕的啦啦队队长。

她写到《纽约时报》上关于我的一篇介绍是带侮辱性的，因为它既提到了我的头发过早变白，所以我把头发染了的事（确实如此），而且还把我描述成很有权势。

我知道她这么说是不对的，但与此同时，因为我已经失去了我的人生目标，所以这也让我感觉我确实犯了一个巨大的错误。我是不是把所有可以或将会让我的人生有意义的一切都放弃了？

我写了篇专栏回应，因为我写的时候真的很生气，所以我朋友不得不帮我改一下措辞让文章可读性高一点。我写道：当代女性并不认为了解时事和时尚矛盾（而且男人杂志并没有因为在长篇报道旁边放上穿着比基尼的女性照片而感到悲哀）。这篇文章发表在了《华盛顿邮报》上。我在为奥巴马工作期间一直努力让自己（和我的观点）避开公众的视野，所以我现在非常紧张，但我又不能就这么让她的这篇文章写出来不去回应。她是在轻视我选择不够“严肃”。但什么又算是足够“严肃”呢？如果她知道我同时还在为民主党全国委员会或者 HeadCount 组织工作，她是否会有所改观呢？

· · ·

坦白说，谁在乎呢？从参加查理 · 罗斯节目到这篇专栏期间，我比过去几年更多地被大家看见，事实上我确实挺骄傲的。我过去一直特别怕别人整理我的资料，怕别人说一些会给奥巴马总统带来麻烦的话，所以我之前都觉得好的公共形象根本不存在。但同时，我也学会了我想说和不想说之间的界限。我可以更好地谈论自己了。

我甚至还去参加更多的会，见更多的人。如果我早一点集中精神，让自己振作起来的话，我完全可以更好地利用好这一切，但我还是不知所措，经常觉得自己只是出现在会议上，坐在那，眨着眼发出求救的摩尔斯电报信号。

我之前提到过美国银行的首席营销官安妮·菲纽肯，看到我接受查理·罗斯的采访后要库特介绍我们认识。即使她最终帮我找到一份工作，但我和她见面喝茶时，我真的挺害怕的，当时并不是我最好的状态。是她提出想要见我的，我本该是大摇大摆地走进去，用我对经济衰退和债务限额的深入了解让她眼前一亮，可是我觉得我表现得不好。我们交流到一半时，她停下来说："我想要你来我这儿工作，但我觉得对你来说现在不是最佳时期。我觉得你自身还有一个更大的探险没完成。我来帮你找到这个探险吧。"

我读过关于肖恩·史密斯的一些资料，在白宫局势研究室的新闻剪报中见到过维斯媒体的报道内容，也在美国家庭影院台看到过他们的节目。在我们安排见面时，我了解到他们公司位于布鲁克林，也想象过他们办公室里到处是文着文身、滑着滑板、聊着我从未听过的音乐的人。就是这样。

· · ·

差不多同时，我签了写书的合同。我当时还在考虑维斯媒体，但在反复考虑的同时，我觉得写一本书倒像是更说得过去的事——很多人离开白宫后都写了书，这给他们带来了荣誉，让他们显得很庄重，大家都去签售会，这是重述你最风云的时刻的好机会。雷吉·洛夫和阿克塞尔罗德的书都将在下一年出版，普劳夫的书在 2008 年大选结束后就出版了。虽然还没有某个女性离开白宫后写过我预想的这种书，但我非常清楚自己想要做的是什么，所以也没那么可怕。

我的想法是要写一本建议书或回忆录，目标读者是 15 岁到 25 岁的女性。认识明迪让我想过我应该要有和她的书有点类似的内容，比如政治方面的；尽管我的书可能不会像她的书那么有趣，但我希望我的书能帮助女性勾画出自己在政府工作的画面。这本书不会按时间顺序来写（因为按时间顺序在我看来，似乎太像是在试图记录下自己给后人留下了些什么）而是按照有助于我事业发展的品质来组织：领导力、充分准备、坚韧等。这么写会非常好。我有很多有趣的故事和重要的教训来传授给我的读者们，她们会从我刻苦努力和卫生棉的故事中受到启发，马上打开笔记本电脑申请去参议院实习。经历了好几个月找不到方向或任何可以寄托的事，我最后终于可以从写书中有所寄托了。

我正努力写书的同时，我一个朋友也在写书，我会和她聊很多。很快，六个月就过去了，和朋友聊书就是我那段时间做的工作，别的什么也没做。我开始担心答应写书是不是太自负了。作家是一个专职，就跟老兵、律师或者芭蕾舞演员一样。我不可能睡一觉起来就成了一个芭蕾舞演员，凭什么我就相信我可以某天早上起来就会写书了呢？

最终，我试图列出一个比之前交给出版社的更详细的大纲，结果让我感觉更糟了。我意识到我在谈论白宫和奥巴马总统时有多难受。我不想说除我以外其他人的事（那不是我该做的），结果我想囊括进来的每一个故事最后都被标上“其他人的”，然后放进“不采用”文件夹里。我本想看过去的竞选视频，让自己做好心理准备，但结果只是让我感到很害怕。

2014 年 9 月初，我完成了序言和第一章。我感觉稍微好点，不过还不是特别棒。但还算可以，因为我只需要把书写完，能在2016年春季出版就行——这也是奥巴马就任期间的最后一个毕业季。我还有很多时间。

· · ·

与此同时，我已经开始和维斯传媒谈合同的事了。在维斯这里，我也是力不从心，什么都不会。我真的只在竞选团队和政府工作过，两者都有透明的工资标准；工资也是每年 7 月 1 日在《华盛顿邮报》上公开。大家都知道白宫每一个人的工资，我甚至还要更清楚，因为我曾负责薪酬管理。

所以我是完全没有准备好去一家私企应聘谈判——我甚至都没有真正想过这会不一样。既然维斯媒体有着这样一个都是“酷小孩”的名声，那我就不想带着那华盛顿鼎鼎有名的大律师鲍勃·巴尼特（Bob Barnett）过去，之前我和出版社谈写书的合同是他帮我谈判的。我不顾 DK 的建议（谁知道他在说什么），就带着凯西·雷穆勒的建议自己去了。

出乎意料，维斯媒体突然问我我觉得自己该拿多少工资。如果有人问这个问题（可能以后会问）不要直接给一个数。有时，雇主会问你现在的工资是多少，很遗憾，你又不能在这个问题上撒谎，因为他们只要给你的推荐人打个电话，一般是你的上司，就能知道你现在的工资是多少，知道你撒谎了，这比你工资低于一般工资还要难堪。但如果有人要你告诉他们你想要多少，你要按照如下回答：“我相信这一职位肯定有一个工资标准范围，我希望可以位于这个范围的上游。”

但当时，我坐下来进行了一下我认为是考虑周全的计算：算上我觉得通过演讲活动可能会获得的收入，政府工作的工资，我的经验水平以及其他企业传递给我的薪资信息，我得出了一个数字，然后发给了维斯。

我再说一遍：不要这么做！！！等他们回了一个比我要价更低的数字，我并没有把这当成是谈判策略，也没给鲍勃打电话，只是很惊讶。我白宫所有的伙伴们在他们找到离开白宫后第一份工作时似乎都没遇到过这样的情况。据我所知，他们可不是拿到提供给他们的工作就接受了。（可能实际情况并非如此。）当时，我并不觉得我意识到我的自信还处于低潮。可能我并不像我自己想的那样？后来我和他们把薪酬谈高了一点，然后接受了这份工作。

两个月后，我第一天去上班（2015 年 1 月 5 日）很快，形势就明了了，我遭遇了文化冲击。就像肖恩 · 史密斯跟《纽约时报》说起提到我的那篇文章说的一样，“疯狂”而“奇怪”——维斯是一个有着几百人的大地方。很多人有文身，小部分人玩滑板；很多人穿着破洞牛仔服，有着很有态度的发型。有些人甚至在一月份还穿着露脐装。办公室每天会出现很多商务人士、名人；当时维斯在布鲁克林的办公室位于北区 11 号街，当我走进这个由仓库改建的大洞穴一样的办公室时，根本没人在乎，或者说甚至都没人注意到。大部分人都忙着在苹果电脑上打字，即使是都坐在办公桌上工作头也不抬，也没说话。这可能需要我花更长的时间才能了解到他们并不是冷漠或者不礼貌——他们只是在专心写作。

大约一周后，我得出一些结论：（1）人生第一次我是办公室里年纪最大的人。（2）这可能是 12 年来第一次我是一个“新人”：什么都不知道，甚至连洗手间在哪里都要问别人。（3）我对媒体企业的运作基本上一无所知。（4）这将比我预料的还要艰难。

试图写一本回顾自己职业生涯中的成功和教训的书是非常难的，因为你内心其实觉得自己并没有从过去的错误中吸取教训，所以会感觉自己就像个骗子。在我的经验中，事实上要写成这样一本书是不可能的。

几个月过后，几乎每一天我都在想这本书。我已经说服了 DK 搬到纽约来，向他保证我们在纽约的生活会多么有趣，但中间的过渡却实在是一场灾难：我们一直到最后都没卖出在乔治敦的房子。我们在特里贝克区买了一个公寓，结果却得知公寓的建设比预期要推迟一年竣工。我们只好在竣工前住在一个短期出租房。我在网上找到的第一个地方——位于纽约 SOHO 区的格林街上——其实是个骗局：我上 StreetEasy 网站[①]上发现那栋楼的业主并非我一直联系的那个人，而我已经付了定金和第一个月的房租。最后我们在威廉斯堡租的一个地方还有仿皮革沙发。我们中间住过的一些公寓往往是在一些劣质新楼里，住了一些刚毕业的大学生——他们是出了名的爱开派对。在这期间，有一次吵得特别厉害，DK 跟我说：“我从来没有成功地和二十二岁的年轻人住过。”我之前没能潇洒地离开白宫，也只能怪自己。

至少一周有那么几次，我会打开电脑（DK 在我签完书的合同后给我买的）然后盯着电脑。每天早上 5 点半，Outlook 的提醒就会响，告诉我要起床写书了。我会起床，坐在仿皮革沙发上，什么也写不出来。

我安慰自己说，我只是需要感觉安定下来（感觉和在家一样安心），然

① StreetEasy 是纽约房地产、住 / 租房信息及交易记录数据平台。——译者注

后自然就能写出来了。但等我们终于搬到了特里贝克区的房子——我们的家时，我还是写不出来。我给自己一个挑战，每周日花一整天的时间来写书，我会去街边的 1668 咖啡馆，坐在那里写。九个周日过去了，我才写了短短两章。

到 2016 年 4 月（合同签完后差不多两年），我基本上都决定好要放弃了，只是还没告诉任何人。

· · ·

在这之前几个月，维斯也正在进行集体劳资谈判。之前的 8 月份，编辑团队已经进行投票要组织成立工会，我被安排负责帮管理团队谈判，想想也觉得有点好笑又有点可怕——一个终生积极的民主党派人士，却要去和工人谈判[①]。（我猜可能也是因为我对工会很熟悉。）这对我而言是个比较棘手的问题，尤其是因为在这个员工都特别忠诚的公司里，我还是一个相对的新人；他们并不了解我，也根本没有理由相信我。我的情绪跌到了谷底。在一次持续了好几个小时非常激烈的谈判后的那个晚上，我坐在我家浴室地板上喝酒。因为我的猫有严重的焦虑症，不愿意从浴室出来，所以我就干脆待在浴室里。

我胃痛的毛病开始变得越来越严重，在经历两次急救、连续一周在寻医问诊网站上被吓坏了之后，我去看了医生。

他问了我一大堆生活方面的问题——饮食习惯、家族病史和睡觉习惯。

① 美国民主党倡导支持工人 / 中产阶级，工会一直是民主党最重要的联盟之一。——译者注

最后问的几个问题中有一个是：“你喝酒吗？”我说喝。

“怎么喝得下去？”他问道，“你喝了肯定胃疼得要死吧。”

“事实上，这是唯一让我感觉舒服一点的东西了。”我回答道。

哈，然后他直接抓住了要害，他问了我的工作，我就穿着我的病号服坐在那里哭了出来。不是耸着肩抽泣，也没有呜咽，就是那种电影里女演员想要的眼泪，从我的眼角流出来。他的结论是我的剧烈胃痛不是因为吃了墨西哥外卖的贾第虫感染的（我在网上问诊的诊断结果），也不是肠易激综合征或者癌症导致的（另一个网上问诊的诊断结果），而是焦虑和抑郁导致的。

我没法相信。我绝不可能看着镜子里的自己会觉得看到了一个抑郁的人。焦虑？在白宫都待了六年半的时间，在布鲁克林还能让我焦虑？

我和医生聊了聊白宫的工作有多辛苦，多艰难，但意外的是，在某种程度上，白宫的工作对我而言是可控的。我习惯了那样的环境，因为我就是一个做计划的人，但在媒体行业，大部分的事都没法按计划来——你永远不知道什么时候会有什么新闻，或者什么时候团队里有了一个好想法需要立刻执行。所以结论就是维斯媒体的“混乱”和我无法应付好一切，真的是要毁了我的身心。（澄清一下：这个医生是肠胃科医生，不是心理治疗医师，不过要是肠胃方面的工作不好干，我倒支持他做心理方面的副业。）

他给我开了治抑郁症的左洛复。我其实不想吃药，但我需要治疗。48小时内，我的胃痛就好了，感觉自己获得了重生。

工会谈判在我决定说要放弃写书之后不久就结束了。虽然对于我几乎要放弃写书，我感到很沮丧，但我感觉办公室里的氛围变得明媚多了。（其中一个原因是编辑团队的工资大幅提高。）我不再觉得每个人都讨厌我了；事实上，我开始结交一些朋友了。

谈判过程的好处之一是让我能更了解一小部分员工。劳伦·奥伊勒（Lauren Oyler）代表女性垂直门户网站 Broadly.vice.com 部门进行谈判，我也看了她连续几个月来写的东西。她的观点总是很有说服力，而且她也一直勤勤恳恳工作；我慢慢觉得或许她可以帮助我写这本书。我迫切地需要想出这本书的结构和视角，而且，考虑到目标读者，我真的也需要这群成长在千禧年的年轻人的观点。

在谈判结束后一个月多一点，我们在工作上有一些合作，这让我更多地了解了她。她很聪明，不说废话，直率，让人印象深刻。于是我就把她当我的救世主了。

当时是 7 月份，关于这本书，我已经到了别占着茅坑不拉屎的阶段了。

既然她的名字出现在了这本书上，你也就知道后来发生什么了。她帮助我找重点，给我指引方向，很严格，但人又很好，最重要的是她总提醒我为什么写这本书很重要。我担心这本书会写成自夸“我是政治的最佳而且是唯一拥护者”类似的回忆录时，她也会安慰我，缓解我的担心。

坚韧的一个好处就是，当你被迫改变轨道时，你会学到你自己都没意识到自己需要的技能。在维斯上班可能是我职业生涯中最挣扎的时期了，但我现在都还能坚持下来。坚韧也意味着诚实：你得承认你在挣扎。而往往总会有人帮你。

（嗨，劳伦，是我，我在布鲁克林我家的厨房里给你写这些内容。这本书里有一丝对自己的赞美之词，虽然感觉怪怪的，但这个故事总得有个解决方案，不管是否奇怪，我就是这个解决方案！如果你想知道这本书里我最喜欢的部分，那就是奥巴马在参议院的“马拉松式连续投票”期间走进艾丽莎的办公室看到她在做仰卧起坐，然后说“挺好的”。）

第十章

善意，能够改变你的容貌

SMILE

我 18 岁那年在莱茵贝克镇的基尔默 IGA 超市当收银员，高中毕业舞会那天我轮下午班。大多数收银员都下班准备走了，但我同意工作到最晚那一班，因为我的头发很短，也没做过头发，不需要花太多时间弄头发。我正准备离开收银台下班时，10000 Maniacs 乐队的主唱纳塔莉 · 麦钱特 (Natalie Merchant) 和 R.E.M. 摇滚乐队的迈克尔 · 斯蒂普（Michael Stipe）走了进来。

纳塔莉就住在街对面的莱茵克利夫（Rhinecliff），她经常来这个超市；她可能是我见过的第一个用可回收购物袋的人。她非常友好，问我其他姑娘们都去哪里了。我告诉她当天晚上有毕业舞会，我给她结完账，也要下班去换舞会的服装了。（我的服装是一条非常单调的小黑裙——这可和我前一年穿的带塑料珠子和亮片的裙子风格大不一样。）她问我舞会在哪儿，我就告诉她了。

大约 5 小时后，在沿河路的瓦勒大厦里进行的舞会上 All-4-One 乐队的《I Swear》慢歌舞戛然而止，纳塔莉 · 麦钱特过来打了声招呼，我们就开始欣赏她的即兴表演了。她邀请合唱团的所有姑娘们和她一起唱。这时候还没有社交媒体来记录夸赞善意之举——但纳塔莉只因为她是这个社区的一员，觉得这可能对我们来说意义非凡，就特意过来这么做了。

她的善良之举确实对我们意义重大。一方面，因为她是出了名的注重隐私的人（你在镇上看到她，不会过去吹捧她，也不会去要签名），但另一方面更是因为她过来打招呼并不是因为我们是什么名人或权贵子弟。我们不过是在超市给她舀舀冰淇淋球，帮她打包货物的小孩儿而已。

· · ·

我们在前进的道路中会逐渐吸取一些教训，犯过几次类似的错误，有了几次类似的经验之后，这些教训慢慢积累，直到终于发现自己之前有多么傻。当然还有些教训可以直接给你一巴掌——不是说你某天回顾你人生某一阶段，然后意识到："噢，我当时吸取到了某个教训"；事情发生的时候你就意识到了。善良（远不限于"请""谢谢"和"你的头发今天看上去没你想的那么糟"的善意）的重要性在于两方面：其一，我人生中一次又一次讶异于人竟然能够有这么善良；其二，善良能够改变你的容貌。政治往往和秘密交易、竞争、腐败联系在一起（这些联系也并不一定都是错的），但从根本上来说，这与人和性格有关。在白宫工作显然很让人兴奋，但同时也能让人很谦逊——你周围都是全国最优秀、受过嘉奖的人。他们不需要为你做任何事，但他们却经常这么做。如果你能以正确的态度接受这一点（愿意接受很多人比你知道得多），在你最后离开时就能比刚进来时更优秀。

在我们开始总统过渡期工作时，我飞去华盛顿和候任总统奥巴马开会，我在等他开会的时候，当时即将就任国家经济委员会主任的拉里 · 萨默斯（Larry Summers）走了过来。我之前从未见过拉里，但在加入奥巴马大家族之前，他曾是世界银行的首席经济学家、克林顿政府的财务部长，所以我认出了他，觉得有点小迷妹的崇拜之情。他是我在总统过渡办公室看到的许多名人之一。正当他准备拐弯时，他又转身叫我去给他买一杯健怡可乐。

就这样，我的崇拜变成了鄙视。那份屈辱！那种脸皮！臭男人！我感觉被冒犯了。他难道不知道我是谁吗？

好吧，他不知道。我只是个小人物。虽然我为奥巴马鞠躬尽瘁了那么多年，有时候觉得自己是个政治老手了，但我毕竟才 32 岁，可也只有哪天状态好的时候看起来才像是 32 岁。我在芝加哥的时候长胖了，经常吃 Portillo' s 家的“鸡肉诱惑”（chicken al' diavolo）和巧克力蛋糕，脸颊既细致又圆润——我一直保持在 25 岁左右的容貌也是完全有可能的。如果我不是看上去像个实习生，我肯定也看上去像是个能帮你去买健怡可乐的人。而且当时房间里除了我没别人了。

但我既不是实习生，也不是负责买可乐的人——我愤愤不平，觉得这是对我的性别歧视。他会叫一个男的去给他买苏打水吗？我气鼓鼓地帮他从自动贩卖机买了健怡可乐，并决定认定他为讨厌鬼，把他从我的好感名单里画掉。每一次他开口说话，我（内心）总在翻白眼。

几个月后，我们再次碰面——在罗斯福会议室的一场关于经济危机的会议上。拉里是奥巴马总统的国家经济顾问。财务部长蒂姆·盖特纳（Tim Geithner）、经济顾问委员会主任克里斯蒂·罗默（Christie Romer）和预算与管理办公室主任彼得·欧尔萨格（Peter Orszag）坐在我和吉布斯这边。经济学家们聊天的时候都在讨论他们的母校（达特茅斯、威廉玛丽学院、麻省理工、普林斯顿），彼得问我和吉布斯是否曾因为我俩没上过常春藤中某所大学而感觉格格不入。我可以感觉到我的脸很烫——想起了我收到康奈尔大学、布朗大学和乔治敦大学薄薄的信，上面写着：“感谢申请，但抱歉。”

“我们最后还是坐在了同一个会议桌上，不是吗？”吉布斯（毕业于北卡罗来纳州立大学）回击道。“看来我们是赚到了！”嗯，没错。

经济危机方面的会（2009 年开了很多这样的会）让我很紧张，但作为总统高层员工中的一员，我需要明白局势如何，因为经济恢复是奥巴马总统的首要目标。他做的所有事——会议、活动、一天的安排，都是从“我们能做些什么来恢复经济”的角度来安排的。

这些会议完全不在我的舒适区（大学经济基础课我只拿到了 B-）。我一直都很惶恐，生怕哪天奥巴马总统来一个苏格拉底式问答法，随机让我探讨对 TARP（我帮你省去上网查找的麻烦：TARP 是指 Troubled Asset Relief Program，“问题资产救助计划”）或者量化宽松（上网查查这个词吧，这对你有好处）的看法。光是走进那间会议室就能让我直冒汗。

因为我的职责就是要尽可能学习所有的东西，当别人用了一个我不懂的词汇，我就会写下来然后为了不让自己尴尬，事后再悄悄地查。这次会议上主要是集中讨论影子银行体系、债务紧缩和次贷问题；我坐在拉里的旁边，我猜他看到了我列的要查找的词汇和要读的文章。

会议开到一半，他小声跟我说：“开完会之后来我办公室。”

事情败露了，他知道我是装的，或者更糟糕——我就是没那么聪明。会后，我跟着他上了楼，他问了我列的单子是怎么回事。虽然很尴尬，但我还是觉得要说实话，就告诉了他。我真是个大傻子！一切都要真相大白了。我要再去给他买一杯健怡可乐吗?

但出乎我的意料（毕竟我已经给他贴上混蛋的标签），他真的特别好。“如果我把我所知道的都教给你，”他问道，“那我有什么好处呢?”他花了一个小时跟我解释那些非常复杂的概念，然后推荐了一些我可以快速了解这些问题的文章。

我敢肯定拉里现在已经不记得他这么做过了，因为他并不是为了要表现得不同寻常——他只是很友善。但正因为他的这一个举动，我每次有问题时都会问他。所以四年后，当我作为副幕僚长要筛选美联储主席候选名单时，我能头脑清晰，知道该怎么做。

当我和奥巴马总统坐在一起面试候选人时（拉里为了避嫌不当最后一轮的面试官），我能坚持自己的想法，也没有紧张得浑身大汗，担心我可能卡在对话中某个不了解的话题上。

拉里教会了我非常重要的两点。第一，绝不以貌（或者与这个人有关的文章）取人。第二，永远要找出时间来帮助一个小姑娘。

善良——你也可以称之为慷慨或善意，真的很有意义。

· · ·

2005 年的“卡特里娜”飓风刚过后，《华盛顿邮报》上有一篇报道，写的是所有从暴风中解救出来的狗被收养，而猫却被安乐死。文章还专门刊登了一张照片，是一只叫汤米的巨大的三色波斯猫，这只猫是从新奥尔良被救出来，然后一路到了弗吉尼亚州的波斯猫救助中心。我之前一直想要养一只猫，我觉得这就是我养猫的时候了。

我给救助者玛格丽特打了个电话，咨询了汤米的情况。我说我对它感兴趣；她跟我说这只猫很肥，占了四只猫的空间，如果这周没人领养它的话，它可能就要被安乐死了。

救助中心就在离我 50 分钟车程外，但我不敢自己一个人去弗吉尼亚的偏远地区，所以我叫上了我的朋友戴维·韦德和我一起去。我以为玛格丽特形容汤米很肥是在开玩笑。我是说，四只猫大?

这是我遇到的最不可思议的经历了。玛格丽特是在她自己的公寓里办的这个救助中心，但很干净，显然她把所有的猫都照顾得很好。她把汤米带到厨房，抱上桌。汤米打了个哈欠，摊开身子，几乎把整张桌子都盖住了，然后闭目养神，也没睡着——好似在冥思。玛格丽特带有爱尔兰口音，她跟我们说汤米很神奇，都能够感觉到她什么时候要来大姨妈了。我们没多问什么问题。汤米很帅气，很冷静，我知道我们注定要在一起。

玛格丽特把汤米放进一个中型狗笼里（它有将近 21 斤重——三只小猫的大小），韦德和我把它放在我的萨博车里，然后开车回国会山。整个回程路上，韦德都在前座上小声地对汤米说着：“你自由了！”

那晚，我无法入睡——屋里就好像来了一只浣熊。我能看见它的尾巴在我的床头扫来扫去，听见它到处嗅探；它暴力地攻击它的小盒子，这种暴力程度是我在一般家养猫身上没看到过的。（好几年都没有缓和。）它撒尿的时候声音很大，会把我吵醒。每当我试图和它说说话，或者摸摸它，它都会藏到我父母 1974 年结婚后买的绿色的扶手椅下面去。

可不能再这么继续下去。于是我给“负鼠”打了个电话。

“负鼠”也是个爱猫人士，他自己就有两只猫。我跟他说我领养了汤米，把它的名字改成了施乐咪——是根据民主党政治战略家鲍勃·施乐姆（Bob Shrum）命名的，我在克里竞选团队时和他共事了一段时间；我只是觉得他很可爱，有一天我要以他的名字给一只猫命名。施乐咪躲在一把旧椅子下面不肯出来，我需要“负鼠”的帮助。

皮特·劳斯（即“负鼠”），一个曾帮助过参议员多数党领导人渡过了总统弹劾事件的男人，来我的小公寓，穿着他的牛仔靴和牛仔裤，盘腿坐在咯吱作响的木地板上，花了大概五分钟的时间一直诱导着施乐咪从椅子下面出来。我简直不敢相信。

· · ·

而在此几个月前，我和我的男朋友马弗分手了。我们交往了近六年，我很爱他（他也是我最好的朋友），但我们也都知道我们之间的感情出了些问题，而且有一段时间了。多年来我们住的地方就隔着一条街。他还在为克里工作——这也是我们相遇的缘由，但他也有很多朋友在奥巴马那里供职。我们是在一个工作日中午休息时分手的，那天梵蒂冈罗马教廷的烟囱冒着白烟，宣布他们选了一名新的教皇。我就站在人行道上哭，泪眼婆娑地跟马弗说：“旁人肯定以为我哭是因为我不喜欢新教皇。”

分手后，我红肿着眼回到办公室。安妮塔·戴克·布雷肯里奇（Anita Decker Breckenridge，当时我们负责伊利诺伊州芝加哥以外地区的主任）叫我过去讨论奥巴马的下一个行程，她看得出我很难过。我告诉她发生了什么，然后她跟我坦白她也在经历同样的事。我们之前就很友好，但这件事让我们情同姐妹。

几周后，她建议我们上 match.com[①] 看看。我当时也挺寂寞的，华盛顿的政治圈子也小，人们刚一听说马弗（身高约 2.2 米，非常抢手）和我分手了，就都开派对，邀请了除我自己以外几乎所有我认识的人，因为所有的姑娘们都想约他。2005 年，match.com 算是当时一个很有名的约会网站了，这算是我第一次上网的经历。

卡拉边吃着泰式炒河粉、喝着鸡尾酒帮我填写了我的个人档案，我发布出来，然后等待。我们撩了几个潜在对象，但都没给我们留下很深的印象；

---

① 一个婚恋交友网。——译者注

虽然这个网站出现在 Tinder 交友手机软件前好几年，但我们当时就达成一致意见：住在弗吉尼亚州的都不行[①]。这么做是不理智的，是住在华盛顿居民的偏见，是不对的，但我 30 岁的时候就是这个样子的。

大约一周过去了，在安妮塔和我准备重新碰面讨论我们的进展前，她问我获得了多少“媚眼”。

“呃，什么‘媚眼’？”我说。我查了一下我的个人主页——什么也没有。浏览了整个网页之后，我发现“媚眼”是那些认为你的个人档案或照片很可爱的人给你留的。安妮塔有 30 个，我一个都没有。

拜托！

我顿时很激动，开始在办公室里哭。不是哭得很难看的那种——更准确地说是落下了一行眼泪，不管怎么说，都是哭了。所有分手后怕自己可能会孤独终老的恐惧那一刻似乎得到确认。在 match.com 上才 5 天，我的终生不幸福就得到了确认。

“负鼠”因为有别的事情过来找我，看到我在哭。我是一个所有情绪都挂在脸上的人——不是因为我没有界限，而是我觉得有情绪不是什么羞耻之事，所以我告诉了他事由。这意味着要解释清楚 match.com 是什么，为什么“媚眼”很重要。他嘟囔着“我理解不了”，然后就走了。“负鼠”不喜欢自己的私人空间被侵犯，我担心了一下我可能是有点极端了。

第二天，我走进办公室，办公桌上放着一张卡片，里面有一只猫在“抛

① Tinder 是国外一款手机交友软件，基于用户的地理位置，每天给用户推荐一定距离内的四个对象。因为当时作者是在华盛顿参议院办公室工作，华盛顿位于弗吉尼亚州和马里兰州之间，如果作者当时用 Tinder 的话，Tinder 给她推荐的人可能是在弗吉尼亚州。——译者注

媚眼”，旁边写着：这个家伙会给你抛媚眼的。

· · ·

我经常说要不是因为施乐咪，DK 和我可能永远都不会结婚。我们交往一段时间后，我要跟着奥巴马总统去访问亚洲，时间还挺长。DK 问我不在的时候谁来照顾施乐咪；我跟他讲了我之前用过临时照顾宠物的服务机构 FurPals。

虽然很多女人会被 DK“租房，不买房”“绝不结婚”的个人信条吓跑，但我还不至于，因为我在找人生伴侣时，“不养宠物”才是最不能通融的条件。但让我震惊的是，他居然提出让施乐咪去他那里。他已经见过施乐咪几次了，因为施乐咪最喜欢男的，所以立刻就爬到了 DK 怀里。不过，施乐咪这时已经快 13 岁了，尽管在希尔斯宠物食品的帮助下它已经减掉了 7 斤多，但它还是有它的怪癖（而且毛也掉得疯狂）。

我在亚洲的时候，DK 会代表施乐咪给我写留言说它在“戴维叔叔家”很开心；它知道自己凌晨 3 点把戴维叔叔吵醒要点心是很调皮的，但善良的戴维叔叔还是起床给它拿了食物。从那儿之后，DK 和施乐咪的关系越来越好。他们成了最好的朋友，也正是这次让我第一次感觉 DK 对终身单身的信条可能没有我想的那么严格。

DK 和我结婚后的那一周，感恩节早上，我们在莱茵贝克镇的家中醒来，发现施乐咪瘫痪了——它的后腿动不了了。我们本该去和卡拉及她丈夫还有其他人共进晚餐，庆祝新婚，但我因为施乐咪的事太沮丧，所以我们没去 Le Petit Bistro 吃一顿节日大餐，而是所有人都来家里吃披萨，喝啤酒。

施乐咪的腿终于开始恢复了，但它还是不怎么动。我们大约晚上 9 点离开莱茵贝克镇带它回乔治敦更熟悉点的环境，接下来几周，它感觉都不太好。它不吃东西，进进出出宠物医院好几次。

而与此同时，尼尔逊 · 曼德拉去世了，我的工作之一是要负责总统代表团去参加曼德拉葬礼的事宜。像曼德拉这样的人物去世，就意味着前总统和前第一夫人需要参加葬礼。因为有超过 300 名现任和前任国家首脑参加，南非政府可谓是人头攒动，这趟旅程要计划起来很复杂。我们习惯了在白宫规划、举办国际峰会，也有相应的基础设施支持，但我们不清楚南非政府是否有。如果没处理好，每个贵宾抵达南非要多花三个小时以上的时间。

我正准备启程去比勒陀利亚[①]的那天，施乐咪状况非常不好。我们把它带到了宠物医院，对于我不得不在这时候离开，我情绪有点失控，泪水止不住地流，吃不下饭。它做了各种检查，从心脏病到胰腺癌，但医生也没得出结论。我已经失控了——情绪非常激动，试图解释我需要在几小时后启程去参加曼德拉的葬礼，所以真的需要马上知道到底出了什么问题。

我猜在宠物医院工作应该不常听到这种话，哪怕是在华盛顿的宠物医院，也很少听到。医生看了我一眼，好像眼前是个自由战士。“不是因为我和曼德拉是朋友，”我说道，“而是我的工作需求。”听上去好像我才是需要看病的那个人。

我们把施乐咪带回家，医生要我们监控它的饮食，因为这是猫健康状况的一个重要指标（同时还有它每天大便多少次）。几个小时后，我就出发去了安德鲁斯空军一号基地。

---

① 南非行政首都。——译者注

等我到了空军一号时，前总统乔治·W. 布什和他夫人劳拉·布什以及希拉里国务卿都已经在飞机上了。我和希拉里国务卿一起出行多年，已经建立了很好的关系，但我之前从来没见过前总统布什和他夫人（虽然我很喜欢布什夫人写的书，也一直听说她人很好，很随和）。

“她在这儿呢！刚结婚的女人！”希拉里国务卿从空军一号的会议室里喊道。前总统布什说我现在也许更希望是在度蜜月，而不是在去南非参加一场政治秀的途中。

出于某种理由——我为我正在经历的疲惫、焦虑和悲伤找借口，因为你能感觉到会有不好的事发生，觉得自己本可以阻止这种事发生——我开始跟前总统布什讲施乐咪的事。我在正开始要解释我的猫的“食欲不振”时突然闭嘴了，回到我的座位上开始工作，想办法把我们特工处的武器运往南非。南非政府把武器扣留在了机场，如果我们的警卫人员没有武器，我们是不能在约翰内斯堡下飞机的。

最后，大家都离开会议室去睡觉了，我回到座位上，监控我们的地面先遣执行团队的进展。他们几乎没什么进展，倒是 DK 给我发了一段视频，是施乐咪在吃珍致宠物罐头（Fancy Feast）的大杂烩，这让我感觉好点了。几个小时后，前总统布什来到我的客舱，问我南非地面情况怎么样，我的猫怎么样了。

两天后当我从南非回来，施乐咪状态还行，但不是最佳状态。我们把它从宠物医院带回来之后，不知道什么原因它又不走路了。

那天晚上比较晚了，我们还在宠物医院，那里已经是我们第二个家了。那里的医生觉得（再一次觉得）施乐咪得了胰腺癌，但这个诊断也说不过去。

最后，大约 9 点半的样子，一位善良的护士把我们拉到一边，说她觉得可能是神经上的问题。她告诉我们弗吉尼亚州有一个非常棒的神经外科医生劳伦·塔拉里科（Lauren Talarico）也许能帮助我们。

护士直接帮我们打了个电话，塔拉里科医生在晚上 11 点以后见了我们。她给施乐咪的诊断结果是纤维软骨栓塞（FCE）——一种影响后腿运动的脊柱栓塞。她让施乐咪晚上就待在她那里——她把施乐咪的笼子说成“公寓”，说她会做一个核磁共振来确诊，会在早上给我们打电话的。

DK 和我回了家，热了一份冷冻披萨；这是我几周以来第一次真正吃了点东西。我终于觉得有人站在我这一边：不管是好是坏，都要弄清楚到底出了什么问题。后来她给我发了条短信：“噢，我们搞定了！”我记得她好像是这么说的——她这么做真的是太贴心了。

与此同时！与此同时！我们的蜜月越来越近了，我收到了新西兰贝壳杉崖酒店发来的邮件，确认 DK 的高尔夫球预定时间和我的水疗预约。

当我给 DK 看邮件的时候——什么也没说，只是觉得这个时候要去南半球度过一个美好的假期感到有点不舒服，他看着我说：“我们不去了。”所以我们最后没有去地球的另一端打高尔夫，享受按摩，而是圣诞节带着施乐咪去做物理治疗和针灸。当两个人没有一点争论或者讨论就一致决定取消一个付了全款的两周蜜月，为的只是待在家里带猫做大量治疗时，你就知道你嫁对了人。“负鼠”跟我说他的两只猫——慕斯和波斯特，在为施乐咪祈祷。这么做可能很荒谬，但感觉我们只能这么做了。

直到施乐咪生病之后，我才意识到它是我生命中多么重要的一部分。我在全国各地跑时，它是我生活中永恒不变的中心；它让我随便住在哪个公寓都感觉像是家。当我沮丧或者生病时，它会睡在我旁边，不会离开。即使当我的工作一团乱，有它在门口等我回家，把我带到它放食物的柜橱那儿，我也会不禁心情愉悦起来。它有很多外号：施乐姆、施乐明顿、施乐普金、“烤肉”“猴子肥屁屁”，它在物理治疗时有了一个亲密的伙伴：布兹先生。

施乐咪很少叫，更别说发出嘶嘶声，但布兹先生会对着“SouthPaws”治疗机构里的每个人发出嘶嘶声（虽然它从不咬人或者打人）。每次它完成跨越障碍训练，跳过障碍时，它都会像一个胜利的网球运动员哼哼着要最好的奖赏一样嘶嘶地叫着。

这个时候，我也在等着我在白宫上班的最后一天。这可能听起来有点蠢，但施乐咪突然发出嘶嘶声给我带来的快乐让我客观地看到：施乐咪的每一个医生，尤其是塔拉里科医生（我现在是她女儿吉吉的教母了），都非常好，对施乐咪的康复都非常投入。整个过程让我觉得不管在不在白宫工作，我也会没事的，我的生活也会有意义。再加上，白宫的团队可以，也愿意把会议安排得让我可以每天有一个小时的时间回到乔治敦的家里给施乐咪喂药，中午给它做一次快速物理治疗。他们也从来没有让我为此感到很抱歉，也没有让我表现得像一个疯狂的猫老太。终于，施乐咪的后腿完全恢复了。

· · ·

我离开白宫后大约一年，DK 和我决定离开我们当时在威廉斯堡租的糟糕的房子，去度假。我们不想把施乐咪单独留在家——那几天它一直嗜睡，所以我们想在长岛的诺斯福克附近租了一个小别墅，这样我们可以带着它一起度假。

我当时也没想太多，但我们出去才几天，施乐咪看上去情况又有点不太好。整只猫看上去晕晕乎乎的（有点摇头晃脑）也不吃东西，甚至在食物面前睡着了，这真的很奇怪。我问 DK 要不要带它去弗吉尼亚州找之前帮过它的神经科医生塔拉里科医生；我知道不管出了什么问题，我们都能在那儿找到病因。我给她打了个电话，她说她们会开始着手准备“施乐咪的套间”。

我们开车回家把一些东西放下，就计划立刻出发去弗吉尼亚州。等我们把车停在公寓的停车场时，施乐咪就开始抽搐了。

于是我们直接把它送去特里贝克区的兽医那里（用它最喜欢的毯子包着），我知道时间到了。它已经勇敢地战斗过了，而我也已经发过誓绝不因为我们舍不得而非要留住它。在它的袋子里，我藏了一个几个月前做的一个很漂亮的软木塞陶瓷罐。它刚生病那会儿，我就熬了好几个夜上网查找并看到一些文章：如果你的宠物病了，你应该提前为它准备一个骨灰罐，因为到时候情绪脆弱，就根本做不了了。这是一个好建议（也要感谢“提前准备”这一点）。

DK 去停车时，我走进宠物医院。他们给施乐咪做了个快速检查，确认它病得比较严重。我觉得可能是时候放下它了；DK 走进来，我们一起和它告了别。

等我们回到家，我很崩溃——感觉很空虚。所有的一切都让我落泪。我给当时随奥巴马总统在阿拉斯加的安妮塔写了封邮件。她的狗乔纳斯之前也得了癌症，几个月前去世了，我答应过她等施乐咪走的时候，我会告诉她。

大约 30 分钟后，一个陌生号码给我打来电话。当时维斯传媒有一个记者被扣留在土耳其，所以我以为是他打来的电话就抑制住泪水接了电话。

“马斯特罗莫纳科女士，我是空军一号接线员。我们想你了！你现在方便接总统先生的电话吗？”

我还没反应过来发生了什么，就和奥巴马总统通话了。“我听说我们今天失去了施乐咪，”他说道，“今天在空军一号上我们很多人都很难过。你要知道——我很确定我们在德纳里峰上空看到了它的灵魂。”

先不说我，那通电话对 DK 意义重大，那个时候他已经和我一样，甚至有可能更爱施乐咪。DK 可以听到我电话里面奥巴马总统的话，他也哭了。

总统打类似这种电话时，我之前一直在他身边，我知道这有多难。他有很多不得不打的很悲伤的电话：打给在伊拉克或阿富汗服役期间殉职的孩子的父母，被杀害或绑架的孩子的父母等。相比而言，我知道我的问题算不上什么。毕业于哥伦比亚大学和哈佛法学院的贝拉克·奥巴马，推进中美关系正常化的奥巴马，美国第一位非裔总统，并没有时间给一个 39 岁的女人打电话慰问她的丧猫之痛。这跟《大城小妞》（*Broad City*）里的一集很像。

我说：“我真的很感激这通电话，我知道这很糟糕。”

“它从一开始就一直都在。”他回答道。

那周晚些时候，我收到“负鼠”的一张纸条，上面写着施乐咪和我们度过了美好的一生，它非常爱我。一个月以后，我们又救助了一只疯狂的白色波斯公猫——这只年纪更大，而且我确定它有焦虑症，我们给它取名为小彼得。

善意往往见于细微处，比社交媒体上流行的让你看到的大善举要小。虽然说匿名帮某人付清学生贷款或给服务生 5000 美元的小费都是令人吃惊的善举，但像这种愿意帮别人减轻负担，或打一个体贴周到的电话对一个人的帮助也会很大。

你可能觉得这个听起来有点俗气；也许你听到贝拉克 · 奥巴马给我打电话说他看到了我去世的猫的灵魂升到了国家公园的上空时，感到有点尴尬。也许你觉得我是个被宠坏了的巨婴——世界上有那么多现实的问题，而我不去剖析、呼吁它们，却决定全书最后一章要写我有多爱猫。（我们领养了小彼得后不久，我又爱上了另外一只白色波斯猫。我们给它起名邦妮，但喜欢叫它邦邦。）或许，我的 Instagram[①] 账号主要都是这些猫的照片，抑或我甚至还有 Instagram 账号这件事，让你很愤怒。也许你认为这也证明了我就是一个“爱吃纸杯蛋糕的啦啦队队长”，不是一个“严肃认真”的职场女性。但我觉得一个“严肃认真”的女人也可以是一个疯狂的爱猫女士，我会一直救助猫，直到我自己哪天需要别人救助为止。

① 一款图片社交软件。——译者注

尾声

政治，永不会丧失信心

SMILE

几天前，也是这么长时间内第一次，我别无选择只能去买 J.Crew 的衣服。我一直在研读温迪·朗（Wendy Long）的故事，她来自纽约州，是一个坚定的保守基督教政客。我离开白宫后，衣橱里都是勃肯（Birkenstocks）的鞋和有图案的亚麻裙，显然，这让我没法试图扮演她。我需要海军蓝的衣服，很多很多海军蓝[①]。

我这么打扮不是为了参加某次不知名的政治万圣节派对，那种派对要求每个人打扮成对立党派中的某个候选人，然后玩给多数党领袖贴尾巴的游戏。我也不是有身份认同危机，也不是要参加某次大选年角色扮演大会。不是试图要恶作剧我的同事，让他们觉得我秋季的装扮是“共和党妈妈”，也不是因为我参与了某个机密的诱饵调包任务，迷惑并打败纽约共和党。都不是，我是被叫去帮忙了。

· · ·

我认识现任纽约州参议员查克·舒默（Chuck Schumer）多年，他曾在 2016 年参议员选举时和温迪是竞争对手。我在参议院为奥巴马工作时认识了他，2006 年中期选举时经常一起工作——舒默是民主党参议员竞选委员会的主席，奥巴马那一年经常代表候选人出行宣传。在很多方面，温迪在竞选中像敢死队一样和舒默针锋相对；在这样一个自由之州，她几乎没什么机会可以夺走舒默坐了 18 年的参议院席位，而且 2012 年她已经败给了一个在任的纽约参议员柯尔丝滕·吉里布朗德（Kirsten Gillibrand）。纽约州的共和

---

① 接近深蓝色、藏青色。在美国海军中，许多叫“海军蓝”的制服其实是黑色的。许多政府工作人员穿正装的时候就会用这种“海军蓝”的颜色。——译者注

党选她作为舒默的竞争对手，因为她是唯一一个愿意这么做的共和党人士。

但即便你是某个领域的常胜将军，你也永远都需要做好准备。在选举前四周左右，我收到查克·舒默办公室发来的邮件，问我是否有兴趣在模拟辩论中扮演一下温迪，舒默会用这次模拟辩论来应对温迪·朗提出的保守提议。我觉得这会很有趣，于是就答应了。

我之前在辩论备战室待过，但不是作为辩论挑战方。奥巴马的辩论环节，我从来没参与过；最近的一次是我需要去内曼·马库斯百货（Neiman Marcus）买十条红色领带，给约翰·克里在镜头前试效果——要看哪条看上去“红红火火”。于是这次我马上就埋头钻进了自己的备战中。

查克的幕僚长迈克·林奇（Mike Lynch）指示我要完全保密这项任务。我甚至都不能告诉DK，虽然我已经在他们跟我说之前就已经告诉DK了。团队给了我一份打包材料，让我研究温迪的立场和风格。他们还给我发了一份主持人可能会问她的一系列问题——没有答案，所以我要自己想答案。

我不知道我有多投入。我打印了5份不同的文件，整理在文件夹里，然后写了我自己的词汇表和问题索引。我看了温迪过去辩论的视频，记下了她的反应；我还研究了她对于不同问题——医保、ISIS恐怖组织、枪支管控发表的言论，并浏览了支持她观点的人的有关背景资料。我每天早上从阅读她的竞选新闻稿开始。在我发现有很多推文是她自己写的（你总能分辨出）后，我就关注了她的推特，然后看了她所有的推文。我开始对她有了深入了解，看到她从还是相对受压制的、恭恭敬敬的基督教保守派，到后来完全成了唐纳德·特朗普的支持者，还有对朱利安·阿桑奇（Julian Assange）英雄般的溢于言表的赞扬以及对第二修正案[1]的绝对支持。不过，她到现在都还没咒骂过。

最重要的是，我分析了她的外表。查克的团队跟我说我“只需要穿一件白宫穿的套装就行”，但我离开白宫时就已经扔了所有这些衣服了——我又不会在维斯传媒上班时穿 A 字裙和运动夹克，我也没这个想法。但在 J.Crew，我选了一套全身职业女性装扮：海军蓝休闲西服，海军蓝 T 恤。然后我还搭配了一双我衣柜里有的海军鞋，佩戴了我和奥巴马总统去中国时买的珍珠项链。模拟辩论当天，我甚至还用卷发器做了头发。（温迪喜欢很多卷。）

当我走出浴室时，最糟糕的事发生了，DK 感叹道：“噢，你看上去真不错！”

我见了舒默的数媒负责人迈克和琳赛，一起吃了一顿有益身心的鸡肉、肉汁基督餐，喝了一杯加冰的波本威士忌，然后走进纽约的蒂什曼礼堂，手里拿着文件夹，准备就移民问题大举进攻。

我为自己对温迪的立场的了解感到胸有成竹（她在枪支管制上的立场某方面甚至还让我有那么一瞬间感同身受），但我还是有点担心我的表达。观众席里有 30 来人，我可不想搞砸了——如果查克在实际的辩论中失败了，会产生持久的后果。他要么成为参议院中多数党领袖，要么成为少数党领袖。

我们是不允许在辩论前后交流的，但我可以看出查克在他们介绍温迪然后发现温迪其实是我的时候是很惊喜的——我们上一次见面，还是在 DK 和我在威廉斯堡和他及他的夫人共进晚餐时。

但如果他觉得我会对他手下留情，那他就错了。我们走向对方，握手。

---

① 美国宪法第二修正案保障公民备有及佩戴武器的权利。——译者注

“很高兴见到你，温迪女士。”查克说道。

“事实上，是夫人。”我答道。

“噢，这就开始这么针锋相对了。”

辩论开始。查克很不错，但我也坚持自我，甚至在适当的时机还装一装虔诚。很有趣，也很有创意——我至少说了三次“让美国再次伟大”，而只在说其中一次的时候微笑了。（很快就没意思了，但当时其他所有人也都大笑了。）

虽然我们不能在辩论后交流，但我太激动了，做不到跟查克一句话都不说。我们第二次握手的时候我忍不住跟他说：“太有意思了！你觉得我是不是可以去做演员？”

查克停顿了一下，回答道：“不。”

· · ·

我离开白宫时，还很担心：担心我可能再也见不到我的朋友们了，担心我自己一个人可能不会成功，担心我放弃了曾让我成就自己的东西。但当我适应（有时候很艰难地适应）新的生活时，我意识到我也可以离开白宫生活，而且在白宫经历的一切实际上并不会真的都消逝——至少我们经历的政治是影响着我们生活中的不说全部，起码是很多方面。

现在，我参与的事情已经不再是关于我自己，而更多的是关于我能做些什么。我没有用“贡献”这个词；我说的是我如何能真正投入这个国家建设的一部分中。在 2016 年大选后的日子里，几位前奥巴马团队里的员工表示过在他们离开白宫后，相信可以退居政界的幕后，然后在方便或者觉得有意思的时候突然惊喜地冒出来充当辩论练习伙伴或者电台播客嘉宾。结果很明显，这不太可能：我们还是需要成为一场全新的运动中足智多谋的积极领袖。我不是政治狂人，不需要一直在竞选团队或者轮流在各界政府中工作。但我能做很多，而且我知道我也必须做。而且，如果完完全全坦率地说，有几个（女性）政治家所做的工作是我真的认为非常有价值的。如果她们中任何一个人决定要大力推进她们的事业，如果她们觉得我能为她们献上一份力量，那我应该是很难拒绝的。

尽管很多人觉得对我们政府以及推动政府运作的政治体系的幻想破灭了，但我还是没办法这么想——即便在看起来非常令人沮丧、苦恼或恐惧的时候，我也不会丧失对政府的信心。尽管我也不知道接下来会发生什么，但我知道如果我放弃，或者选择退出政界，那这就是对我在为奥巴马工作期间学到的东西的否认。政治会一直让我的眼里闪着光辉——是让我说：“如果……会怎么样”的事。